以案释法：

《农村土地承包法》
常用法律条文解读

农业农村部管理干部学院
中国农业农村法治研究会　编著

中国农业出版社
农村读物出版社
北 京

编 写 委 员 会

主　　编：向朝阳

副 主 编：朱守银　杨东霞　李　蕊

参编人员：秦静云　刘　怡　寇　丽　聂建义

　　　　　陆　璐　林中天　魏依洋　程新睿

　　　　　袁华萃　王园鑫

审 稿 人：贾东明

前 言
FOREWORD

  《中华人民共和国农村土地承包法》（以下简称《农村土地承包法》）是一部直接关系亿万农民群众切身利益、生存发展的重要法律。为适应新时代农业农村发展的客观要求，及时把党对新时代农业农村工作的一些重大部署和方针政策转化为法律，将地方实践探索和创新的经验上升为法律，2018 年 12 月 29 日，第十三届全国人民代表大会常务委员会第七次会议通过修改《农村土地承包法》的决定。此次修法，确实落实承包地的"三权分置"，明确了土地承包关系长久不变，确定了退出承包经营权不是进城落户的前提，及承包方有再流转土地经营权的权利，赋予了土地经营权融资担保功能，建立了工商企业流转土地经营权监督法律制度，完善了保护妇女的土地承包权益。

  为做好《农村土地承包法》普法宣传工作，维护广大农民群众权益，更好地促进《农村土地承包法》的实施，特编订此书。本书针对土地承包经营实践中常见的法律问题，采用案例问答的形式解读这次法律修改的要旨。每个问题包括"案例简介""案例解答"和"适用法律"三部分内容。其中，"案例简介"部分对真实案例加以改编；"案例解答"部分结合案例事实和相关法律规范，对相应问题及其法律依据进行了具体阐释，有助于加强读者对法律问题的理解；

"适用法律"部分明确列明相关的法律规范,有助于读者快速查找和定位。相较于已出版的《以案说法:农村土地承包经营权知多少》,本书问题设计数量更多,问题设计深度更高。多数案例中还增加了"背景知识"部分,以方便进一步拓展相应法律知识,促进对具体法律问题的深入理解与思考。本书适合于期许对《农村土地承包法》进行全面、深入了解与研究的干部、专家等群体。

此外,为方便读者查阅和学习,在本书的附录部分,附上了《农村土地承包法》的全文。希望本书能帮助读者更好地理解和运用《农村土地承包法》。

目 录
CONTENTS

基本概念介绍

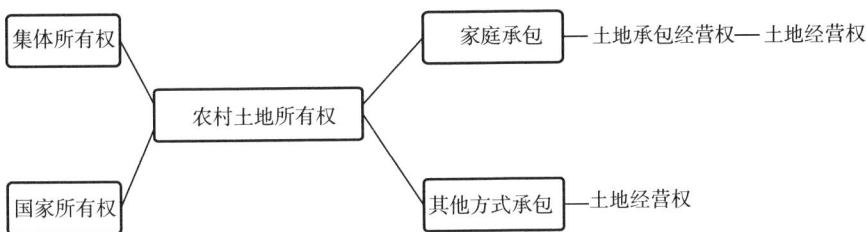

基本概念释义图

一、农村土地所有权

农村土地所有权包括国家土地所有权和集体土地所有权。

【法律依据】第二条①：

第二条　本法所称农村土地，是指农民集体所有和国家所有依法由农民集体使用的耕地、林地、草地，以及其他依法用于农业的土地。

二、土地承包经营权

1. 农村集体经济组织成员可以承包本集体经济组织发包的土地，采取家庭承包的方式承包的土地，承包方享有土地承包经营权，而不享有土地所有权，不得买卖承包地。

---

①　本节所引法律依据均来自《农村土地承包法》。

【法律依据】第四条：

第四条 农村土地承包后，土地的所有权性质不变。承包地不得买卖。

2. 土地承包经营权可以在本集体经济组织内部互换、转让。

【法律依据】第三十三条和第三十四条：

第三十三条 承包方之间为方便耕种或者各自需要，可以对属于同一集体经济组织的土地的土地承包经营权进行互换，并向发包方备案。

第三十四条 经发包方同意，承包方可以将全部或者部分的土地承包经营权转让给本集体经济组织的其他农户，由该农户同发包方确立新的承包关系，原承包方与发包方在该土地上的承包关系即行终止。

三、土地经营权

1. 土地承包经营权人可以保留土地承包权，流转其承包地的土地经营权。土地经营权流转后，承包方享有土地承包权，其与发包方的关系不变。

【法律依据】第九条和第四十四条：

第九条 承包方承包土地后，享有土地承包经营权，可以自己经营，也可以保留土地承包权，流转其承包地的土地经营权，由他人经营。

第四十四条 承包方流转土地经营权的，其与发包方的承包关系不变。

2. 土地经营权的流转对象不限于本集体经济组织成员，但是在同等条件下，本集体经济组织成员享有优先权。

【法律依据】第三十八条：

第三十八条 土地经营权流转应当遵循以下原则：（一）依法、自愿、有偿，任何组织和个人不得强迫或者阻碍土地经营权流转；（二）不得改变土地所有权的性质和土地的农业用途，不得破坏农业综合生产能力和农业生态环境；（三）流转期限不得超过承包期的剩余期限；（四）受让方须有农业经营能力或者资质；（五）在同等条件下，本集体经济组织成员享有优先权。

3. 以其他方式承包土地，承包方取得土地经营权，而不是土地承包经营权。

【法律依据】 第四十九条：

第四十九条　以其他方式承包农村土地的，应当签订承包合同，承包方取得土地经营权。当事人的权利和义务、承包期限等，由双方协商确定。以招标、拍卖方式承包的，承包费通过公开竞标、竞价确定；以公开协商等方式承包的，承包费由双方议定。

第一章 土地承包关系

第一节 土地承包经营权人的权利

一、承包土地的权利

问题 1. 进城务工是否影响农户的土地承包经营权?

【案例简介】

张小山和李建国是童年好友,两人从技术学校毕业后结伴进城务工。两人虽然同时进入城市工作,但待遇有差别。张小山工作后在工友间广受欢迎,收入较高,工厂为他正常缴纳"五险一金"①,他还申请到了政府的廉租房,搬离了工厂宿舍,几年后他选择落户城市。李建国收入一般,同时用人单位违法违规,没有为他正常缴纳"五险一金"。城市住房、社保都欠缺保障的他没能把户口迁入城市,也时常在犹豫是否返回大槐树村务农。

问题:请问张小山和李建国的土地承包经营权是否会因为进城务工而受到影响?

【案例解答】

张小山和李建国的土地承包经营权不因进城务工而受到影响。

---

① "五险一金"指的是用人单位给予劳动者的几种保障性待遇的合称,包括养老保险、医疗保险、失业保险、工伤保险和生育保险,以及住房公积金。

《农村土地承包法》第二十七条规定，承包期内发包方不得收回承包地。国家保护进城农户的土地承包经营权。

在本案中，李建国和张小山在户口、社保、住房保障三个方面有差异：李建国是农村户口，没有城市社保和住房，明显仍需要农村土地作为生活保障；张小山是城市户口，享受城市社保和住房。但是国家平等保护他们的土地承包经营权，在承包期内，不论是否进城落户，发包方都不得收回承包地。

【适用法律】《农村土地承包法》第二十七条：

第二十七条 承包期内，发包方不得收回承包地。国家保护进城农户的土地承包经营权。不得以退出土地承包经营权作为农户进城落户的条件。承包期内，承包农户进城落户的，引导支持其按照自愿有偿原则，依法在本集体经济组织内转让土地承包经营权或者将承包地交回发包方，也可以鼓励其流转土地经营权。承包期内，承包方交回承包地或者发包方依法收回承包地时，承包方对其在承包地上投入而提高土地生产能力的，有权获得相应的补偿。

问题2. "外嫁女"将户口迁入嫁入地后原承包地会被收回吗？

【案例简介】

张小花在大槐树村有承包地。她和东洼村的小刘结婚后，将户口迁入东洼村，并在东洼村与小刘一起生活。由于实行"增人不增地，减人不减地"的政策，张小花在东洼村没有获得承包地。张小花迁入东洼村后，大槐树村村委会以她嫁到东洼村为由，要收回她的承包地。

问题：请问张小花的承包地应被收回吗？

【案例解答】

张小花的承包地不应被收回。

妇女的农村土地承包经营权与男子平等，受同等保护。《农村土地承包法》第六条明确规定："农村土地承包，妇女与男子享有平等的权利。

承包中应当保护妇女的合法权益，任何组织和个人不得剥夺、侵害妇女应当享有的土地承包经营权。"具体到妇女结婚时承包地的变动问题，《农村土地承包法》第三十一条规定："承包期内，妇女结婚，在新居住地未取得承包地的，发包方不得收回其原承包地。"由此可见，法律要求确保外嫁女有承包地作为生活保障。外嫁女在嫁入地未取得承包地的，其在嫁出地的承包地不得被收回。

本案中，张小花出嫁后，她与大槐树村的土地承包关系不变。大槐树村村委会要收回其承包地缺乏法律依据。

【适用法律】《农村土地承包法》第三十一条：

第三十一条　承包期内，妇女结婚，在新居住地未取得承包地的，发包方不得收回其原承包地；妇女离婚或者丧偶，仍在原居住地生活或者不在原居住地生活但在新居住地未取得承包地的，发包方不得收回其原承包地。

问题3. 承包土地的农户何时开始取得土地承包经营权？

【案例简介】

老张家承包了数块耕地。他家的承包地临近水源，土地肥沃，年收成在大槐树村都数一数二。因老张家想进城落户，打算将这几块耕地转让出去，并与邻居老李家商讨转让事宜。商讨转让费时，双方因这几块耕地的剩余承包期限问题产生了争议。老张认为由于政府在当年五月才统一办理了土地承包经营权证，剩余承包期限仍有近30年，而老李认为老张家已耕种多年，剩余承包期应减去其实际耕种的时间，不愿意接受以30年承包期计算的承包费。

问题：老张家从何时开始取得这几块耕地的土地承包经营权？

【案例解答】

老张家自承包合同生效时取得土地承包经营权。

为切实保护广大农户的土地承包经营权，虽然不动产权利的设立，一般以登记生效为原则，但基于我国农村土地承包先承包后发证等实际情况，《农村土地承包法》第二十三条规定，承包方自承包合同生效时取得土地承包经营权。

在本案中，老张家自承包合同生效之时，也就是承包合同成立之日取得这几块耕地的土地承包经营权。承包期应当自老张家与发包方签订承包合同之日起计算，而非自登记之日起计算。

【适用法律】《农村土地承包法》第二十三条：

第二十三条 承包合同自成立之日起生效。承包方自承包合同生效时取得土地承包经营权。

问题 4. 承包合同会不会因承办人或负责人变动而被发包方解除？

【案例简介】

老李家承包了几块耕地，承包合同由其子李建国代表老李家与村委会主任老张签订。几年后，村委会主任老张因病逝世，老李的儿子李建国将户口迁至城镇以方便进城打工。新上任的村委会主任见老李承包的耕地收成较其他耕地更好，想以权谋私，与老李家解除承包合同以收回这几块耕地，便告诉老李说虽然承包合同期限未到，但原村委会主任老张已逝世，代表他一家签订合同的李建国也已进城转为城镇户口，因此这几块耕地将被大槐树村村委会收回。

问题：签订承包合同后，承办人或者负责人变动了，承包合同会不会被发包方解除？

【案例解答】

根据《农村土地承包法》第二十五条的规定，承包合同生效后，发包方不得因承办人或者负责人的变动而变更或者解除。

土地承包合同是由发包方及承包方的承办人或者负责人具体签订的，但事实上承包合同的主体是作为发包方的村集体经济组织、村委会或者村民小组和作为承包方的家庭或农村承包经营户而非具体签订合同的个人。因此，即使发生村委会主任换人、家庭成员迁出户口等人员变动的情况，承包合同的发包方与承包方并未发生变化，该承包合同的效力不受影响。因此，发包方不得以签订承包合同的承办人或者负责人变动为由解除承包合同。

在本案中，虽然签订这几块耕地承包合同的原村委会主任老张已逝世且更换了新的村委会主任，代表老李一家签订合同的李建国也已转为城镇户口，但承包合同的主体，即作为发包方的大槐树村村委会和作为承包方的老李家并未改变，大槐树村村委会不得因此解除与老李家的承包合同。

【背景知识】

合同的解除是指合同生效后，当具备解除条件时（如《合同法》第九十三条规定的"双方协商一致"，《合同法》第九十四条规定的"不可抗力致使不能实现合同目的"；履行期限届满之前，当事人一方明确表示或者以自己的行为表明不履行主要债务；当事人一方迟延履行主要债务，经催告后在合理期限内仍未履行；当事人一方迟延履行债务或者有其他违约行为致使不能实现合同目的等），因一方或双方当事人的意思表示而使合同关系消灭的行为。

承包合同被发包方解除后，承包方将失去对其农村土地的土地承包经营权，合同是否应被解除对农户的合法权益非常重要。单纯的承办人或者负责人变动并未改变承包合同的当事人，不符合解除合同的条件。

【适用法律】

1. 《农村土地承包法》第二十五条：

第二十五条　承包合同生效后，发包方不得因承办人或者负责人的变动而变更或者解除，也不得因集体经济组织的分立或者合并而变更或者解除。

2. 《合同法》第九十一条、第九十三条和第九十四条：

第九十一条　有下列情形之一的，合同的权利义务终止：（一）债务已经按照约定履行；（二）合同解除；（三）债务相互抵销；（四）债务人依法将标的物提存；（五）债权人免除债务；（六）债权债务同归于一人；（七）法律规定或者当事人约定终止的其他情形。

第九十三条　当事人协商一致，可以解除合同。当事人可以约定一方解除合同的条件。解除合同的条件成就时，解除权人可以解除合同。

第九十四条　有下列情形之一的，当事人可以解除合同：（一）因不可抗力致使不能实现合同目的；（二）在履行期限届满之前，当事人一方明确表示或者以自己的行为表明不履行主要债务；（三）当事人一方迟延履行主要债务，经催告后在合理期限内仍未履行；（四）当事人一方迟延履行债务或者有其他违约行为致使不能实现合同目的；（五）法律规定的其他情形。

问题5. 进城落户要以放弃土地承包经营权为条件吗?

【案例简介】

老李的儿子李建国想要落户城镇，以方便其进城打工，便前往大槐树村村委会询问户口迁出的问题。村委会工作人员告知李建国应当放弃家中承包地的土地承包经营权，并且只有在放弃后才能为其开具证明。李建国虽想进城打工，但又担心在城里找不到工作，无法在城市生活下去，回乡也没了承包地，于是打消了进城落户打工的念头。

问题：李建国进城落户要以放弃土地承包经营权为条件吗？

【案例解答】

李建国进城落户无须以放弃土地承包经营权为条件。

为充分保障进城落户农户的土地承包经营权，《农村土地承包法》在规定不得以退出土地经营承包权作为进城落户的条件的同时，还规定发包方不得强制收回、调整承包地。

在本案中，李建国落户城镇，无须以放弃土地承包经营权为条件。他既可保留其土地承包经营权，也可按照自愿有偿的原则，在本集体经济组织内转让土地承包经营权或将承包地交回发包方。他还可以流转承包地的土地经营权。

【背景知识】

城市化是一个长期的进程，对于在城市化进程中进城落户的农户，维护其享有的土地承包经营权情况随着城市化发展而变化。《关于进一步推进户籍制度改革的意见》《中共中央办公厅、国务院办公厅关于完善农村土地所有权承包权经营权分置办法的意见》《中共中央 国务院关于实施乡村振兴战略的意见》等多个政策文件明确了"不得以退出土地承包权作为农民进城落户的条件""将进城落户农业转移人口全部纳入城镇住房保障体系"等精神。最终于新修正的《农村土地承包法》第二十七条第二款中作出明确规定，为农民进城落户保留其土地承包经营权提供了法律保障。

【适用法律】《农村土地承包法》第二十七条：

第二十七条 承包期内，发包方不得收回承包地。

国家保护进城农户的土地承包经营权。不得以退出土地承包经营权作为农户进城落户的条件。

承包期内，承包农户进城落户的，引导支持其按照自愿有偿原则依法在本集体经济组织内转让土地承包经营权或者将承包地交回发包方，也可以鼓励其流转土地经营权。

承包期内，承包方交回承包地或者发包方依法收回承包地时，承包方对其在承包地上投入而提高土地生产能力的，有权获得相应的补偿。

问题6. 农户进城落户后承包地如何处理呢？

【案例简介】

李建国早年进城务工，还在城里购置了房产。他想将家中的两位老人从大槐树村接至城里落户，好让二老安享晚年。二老进城后不便耕种承包地，但又不知道该如何处置才好。村委会跟老李家说可以将承包地交回，而同村的老张则说他可以接手老李家的承包地。

问题： 老李家进城落户后，其承包地如何处理？

【案例解答】

村委会和老张的提议都是可行的。

承包方承包土地后，享有土地承包经营权，可以自己经营，也可以保留土地承包权，流转其承包地的土地经营权，由他人经营。农户进城落户不以退出土地承包经营权为条件。老李家进城落户后，可以按照自愿有偿原则在大槐树村集体经济组织内转让土地承包经营权或者将承包地交回发包方，也可以流转土地经营权。

在本案中，老张家和老李家同属一个集体经济组织，老李家可以将土地承包经营权转让给老张，也可以保留土地承包权，将承包地的土地经营权流转给老张。大槐树村村委会是承包地的发包方，老李家也可以将承包地交回村委会。因此，老李家要处理承包地，村委会和老张的意见都是可取的。

【背景知识】

同案例5。

【适用法律】《农村土地承包法》第五条、第九条和第二十七条：

第五条　农村集体经济组织成员有权依法承包由本集体经济组织发包的农村土地。

任何组织和个人不得剥夺和非法限制农村集体经济组织成员承包土地的权利。

第九条　承包方承包土地后，享有土地承包经营权，可以自己经营，也可以保留土地承包权，流转其承包地的土地经营权，由他人经营。

第二十七条　承包期内，发包方不得收回承包地。

国家保护进城农户的土地承包经营权。不得以退出土地承包经营权作为农户进城落户的条件。

承包期内，承包农户进城落户的，引导支持其按照自愿有偿原则依法在本集体经济组织内转让土地承包经营权或者将承包地交回发包方，也可以鼓励其流转土地经营权。

承包期内，承包方交回承包地或者发包方依法收回承包地时，承包方对其在承包地上投入而提高土地生产能力的，有权获得相应的补偿。

问题 7. 哪些土地可以用来调整承包地或者承包给新增人口？

【案例简介】

大槐树村突遭泥石流，老张家后院 2 亩①地几乎全被冲毁，失去了生产能力，恰好老张的大儿子张大山与妻子刚生下女儿张小改，老张家多了一张吃饭的嘴却又失去了 2 亩谋生的地，生活压力增大，老张便向大槐树村村委会要求调整承包地。村委会见老张家突遇天灾，损失惨重，生活一时陷入困顿，便直接与其签订承包合同，将预留机动地调整给老张家承包。

问题： 哪些土地可以用来调整承包地或者承包给新增人口？老张家可以直接承包预留机动地吗？

【案例解答】

根据《农村土地承包法》第二十九条，调整承包地或者承包给新增人口的可以使用（一）集体经济组织依法预留的机动地，（二）通过依法开垦等方式增加的土地，（三）发包方依法收回和承包方依法、自愿交回的土地。

预留机动地是由集体经济组织掌握，或由集体暂时统一经营，或短期承包给某些农户的，发包方为了解决人地矛盾，预先留出的不作为承包地的少量土地。

依法开垦的土地，是指根据《土地管理法》第四十条，经过科学论证和评估，在土地利用总体规划划定的可开垦区域内，未破坏自然资源、经批准后开垦的，以及根据土地总体规划，有计划有步骤地退耕还林、还牧开垦的土地；根据《土地管理法》第四十一条，开发未确定使用权的国有荒山、荒地等从事种植业、林业、畜牧业生产的，经县级以上人民政府依法批准开垦的土地；根据《水土保持法》，在坡地上采取水土保持措施后开垦的土地。

---

① 亩为非法定计量单位，1 亩≈667 米²。——编者注

《农村土地承包法》第二十七条、第三十条、第三十一条等条文对发包方依法收回承包地和承包方依法、自愿交回承包地等作了明确规定。承包方依法、自愿交回的承包地是指，根据《农村土地承包法》第二十七条规定，承包方因进城落户而自愿交回的承包地，以及根据《农村土地承包法》第三十条，承包方提前半年通知，自愿交回的承包地。承包户家庭消亡的，发包方可以依法收回的土地。

在本案中，调整承包地或者承包给新增人口的可以使用上述土地，但老张无法直接承包预留机动地，需要经过《农村土地承包法》第二十八条规定的民主决策及批准程序才可取得调整用的机动地的土地承包经营权。

【背景知识】

根据《农村土地承包法》第六十七条的规定，本法实施前已经预留机动地的，机动地面积不得超过本集体经济组织耕地总面积的百分之五。不足百分之五的，不得再增加机动地。本法实施前未留机动地的，本法实施后不得再留机动地。

【适用法律】

1.《农村土地承包法》第二十八条、第二十九条、第三十条和第六十七条：

第二十八条　承包期内，发包方不得调整承包地。

承包期内，因自然灾害严重毁损承包地等特殊情形对个别农户之间承包的耕地和草地需要适当调整的，必须经本集体经济组织成员的村民会议三分之二以上成员或者三分之二以上村民代表的同意，并报乡（镇）人民政府和县级人民政府农业农村、林业和草原等主管部门批准。承包合同中约定不得调整的，按照其约定。

第二十九条　下列土地应当用于调整承包土地或者承包给新增人口：（一）集体经济组织依法预留的机动地；（二）通过依法开垦等方式增加的；（三）发包方依法收回和承包方依法、自愿交回的。

第三十条　承包期内，承包方可以自愿将承包地交回发包方。承包方自愿交回承包地的，可以获得合理补偿，但是应当提前半年以书面形式通知发包方。承包方在承包期内交回承包地的，在承包期内不得再要求承包土地。

第六十七条　本法实施前已经预留机动地的，机动地面积不得超过本集体经济组织耕地总面积的百分之五。不足百分之五的，不得再增加机动地。

本法实施前未留机动地的，本法实施后不得再留机动地。

2.《土地管理法》第四十条和第四十一条：

第四十条　开垦未利用的土地，必须经过科学论证和评估，在土地利用总体规划划定的可开垦的区域内，经依法批准后进行。禁止毁坏森林、草原开垦耕地，禁止围湖造田和侵占江河滩地。

根据土地利用总体规划，对破坏生态环境开垦、围垦的土地，有计划有步骤地退耕还林、还牧、还湖。

第四十一条　开发未确定使用权的国有荒山、荒地、荒滩从事种植业、林业、畜牧业、渔业生产的，经县级以上人民政府依法批准，可以确定给开发单位或者个人长期使用。

3.《水土保持法》第二十三条：

第二十三条　在五度以上坡地植树造林、抚育幼林、种植中药材等，应当采取水土保持措施。

在禁止开垦坡度以下、五度以上的荒坡地开垦种植农作物，应当采取水土保持措施。具体办法由省、自治区、直辖市根据本行政区域的实际情况规定。

问题8. 承包方自愿交回承包地后还可以再次要求承包土地吗？

【案例简介】

张大山进城务工，准备放弃承包的土地承包经营权。他提前半年书面通知大槐树村村委会，要将承包地交回，村委会同意他交回承包地。他交回承包地后获得了合理补偿。后来，张大山在城里未能找到好工作，想回村继续务农，便向大槐树村村委会表示其愿意退还补偿金，想重新承包耕地。大槐树村村委会拒绝了张大山的请求。

问题： 承包期内，张大山自愿交回承包地，可以获得合理补偿吗？张大山回乡后，在承包期内可以再次要求承包土地吗？

【案例解答】

承包期内，张大山自愿交回承包地可以获得合理补偿。张大山回乡后，在这一轮承包期内，不可以要求再次承包土地。

有的农户具有稳定非农收入且已定居城市，无法有效耕种承包经营的土地。为充分利用土地资源，在自愿的基础上农户可以将土地交回发包方。对于自愿交回承包地的农户，由于其放弃了已取得的土地承包经营权，其可以获得合理补偿。

承包方交回土地后，承包方与发包方的土地承包关系消灭。因此，在土地承包期内，其不得再次要求承包土地。在本案中，张大山在承包期内自愿交回承包地，而且已获得合理补偿。他自愿交回承包地后，在承包期内不得再要求承包土地。

【背景知识】

承包方因国家施行农业税减免、农业补贴等政策，交回承包地后再次要求承包土地的，如果承包方交回承包地不符合《农村土地承包法》第三十条的程序，且未提前半年书面形式通知发包方的，不被认定为自愿交回土地。[①]

【适用法律】《农村土地承包法》第三十条：

第三十条 承包期内，承包方可以自愿将承包地交回发包方。承包方自愿交回承包地的，可以获得合理补偿，但是应当提前半年以书面形式通

---

① 参见高圣平等：《〈中华人民共和国农村土地承包法〉条文理解与适用》，人民法院出版社2019年版，第159页。

知发包方。承包方在承包期内交回承包地的，在承包期内不得再要求承包土地。

问题9. 妇女离婚或丧偶后村委会有权收回其原承包地吗？

【案例简介】

张大山与其妻李芳因感情破裂而离婚，离婚后李芳与邻村西山村王国庆相识，后两人相爱，李芳外嫁至西山村。张小花的丈夫小刘意外去世后，张小花也从东洼村嫁到了西山村。李芳和张小花在西山村未取得承包地。大槐树村村委会和东洼村村委会以李芳和张小花不在本村居住为由，要收回她们原来的承包地。

问题： 妇女离婚或丧偶后，在新的居住地没有取得承包地，大槐树村和东洼村村委会有权收回其原承包地吗？

【案例解答】

妇女离婚或丧偶后，在新的居住地没有取得承包地，原村村委会无权收回其原承包地。

妇女的土地承包经营权受法律保护。《农村土地承包法》第三十一条规定，妇女离婚或者丧偶，仍在原居住地生活或者不在原居住地生活但在新居住地未取得承包地的，发包方不得收回其原承包地。《婚姻法》也规定，妇女在家庭土地承包经营中享有的权益，应当依法予以保护。

在本案中，张小花和李芳搬至西山村居住，且二人均未在西山村取得承包地，大槐树村村委会和东洼村村委会不得收回她们的承包地。

【背景知识】

离婚的妇女若仍留在原村居住，其与其家庭成员共有土地承包经营权的权利基础丧失，其可以请求分割土地承包经营权并享有分割后属于她的土地承包经营权。

丧偶的妇女若留在原村居住，根据"减人不减地"的原则，只需在土地承包经营权证登记簿上删去已死亡配偶的姓名即可，因为作为原承包方的农户家庭未发生变化，原共有的土地承包经营权不受影响。

【适用法律】

1.《农村土地承包法》第三十一条：

第三十一条　承包期内，妇女结婚，在新居住地未取得承包地的，发包方不得收回其原承包地；妇女离婚或者丧偶，仍在原居住地生活或者不在原居住地生活但在新居住地未取得承包地的，发包方不得收回其原承包地。

2.《婚姻法》第三十九条：

第三十九条　离婚时，夫妻的共同财产由双方协议处理；协议不成时，由人民法院根据财产的具体情况，照顾子女和女方权益的原则判决。

夫或妻在家庭土地承包经营中享有的权益等，应当依法予以保护。

二、承包期问题

问题 10. 耕地、草地和林地的承包期分别是多长？承包地的承包期届满是否会延长？

【案例简介】

大槐树村的村民二轮承包耕地的时间已经二十多年了，这段时间大家都在讨论第二轮承包到期之事。这天张小山正在自家承包地内播种，听到其他人对承包期满之事议论纷纷，村民们有的说需要重新签订承包合同，有的说村里将收回土地。一时间，众说纷纭。

问题：耕地、草地和林地的承包期分别是多长？承包地的承包期届满是否会延长？

【案例解答】

根据《农村土地承包法》的规定，耕地的承包期为三十年。草地的承包期为三十年至五十年。林地的承包期限为三十年至七十年。耕地承包期届满后再延长三十年。草地、林地承包期届满后依照上述规定相应延长。

【背景知识】

2019年11月，《中共中央 国务院关于保持土地承包关系稳定并长久不变的意见》由中共中央、国务院发布实施。《中共中央 国务院关于保持土地承包关系稳定并长久不变的意见》明确指出，第二轮土地承包到期后应坚持延包原则，不得将承包地打乱重分，确保绝大多数农户原有承包地继续保持稳定。对少数存在承包地因自然灾害毁损等特殊情形且群众普遍要求调地的村组，届时可按照大稳定、小调整的原则，由农民集体民主协商，经本集体经济组织成员的村民会议三分之二以上成员或者三分之二以上村民代表同意，并报乡（镇）政府和县级政府农业等行政主管部门批准，可在个别农户间作适当调整，但要依法依规从严掌握。土地承包期再延长三十年，使农村土地承包关系从第一轮承包开始保持稳定长达七十五年，是实行"长久不变"的重大举措。现有承包地在第二轮土地承包到期后由农户继续承包，承包期再延长三十年，以各地第二轮土地承包到期为起点计算。以承包地确权登记颁证为基础，已颁发的土地承包权利证书，在新的承包期继续有效且不变不换，证书记载的承包期限届时作统一变更。对个别调地的，在合同、登记簿和证书上作相应变更处理。

【适用法律】《农村土地承包法》第二十一条：

第二十一条　耕地的承包期为三十年。草地的承包期为三十年至五十年。林地的承包期为三十年至七十年。

前款规定的耕地承包期届满后再延长三十年，草地、林地承包期届满后依照前款规定相应延长。

问题11. 《农村土地承包法》实施前按照国家有关农村土地承包的规定，承包耕地的承包期限超过三十年的是否有效？

【案例简介】①

1999年5月10日，经过集体讨论和村民全体表决，大槐树村村委会

---

① 根据（2019）琼97民终1936号判决书改编。

与村民老张签订一份《土地承包合同》，约定将大槐树村 60 亩的荒地发包给老张经营管理，承包期为 50 年，从 1999 年 5 月 10 日至 2049 年 5 月 10 日。《农村土地承包法》从 2003 年 1 月 1 日起开始施行后，村委会认为在法律实施之前签订的《土地承包合同》约定的承包期超过了 30 年，违反了法律规定，是无效的，应该重新发包。

问题：老张承包该块土地超过 30 年期限的部分是否有效？村委会能要求老张返还承包地吗？

【案例解答】

老张承包该块土地超过原本 30 年期限的部分是有效的，村委会无权要求老张返还承包地。

我国《农村土地承包法》第六十六条是关于本法实施前已经按照国家有关规定形成的农村土地承包关系的效力问题。该条规定了本法实施前已经按照国家有关农村土地承包的规定承包，包括承包期限长于本法规定的，本法实施后继续有效，不得重新承包土地；未向承包方颁发土地承包经营权证或者林权证等证书的，应当补发证书。也就是说，在《农村土地承包法》颁布实施前，经过正当程序约定的土地承包关系，即使约定的土地承包期限长于现行法律规定，也是能够得到认可的。

本案中，老张在 1999 年与大槐树村村委会签订了《土地承包合同》。依据《农村土地承包法》的规定，耕地的承包期为 30 年，而该块耕地实际承包期限为 50 年。根据《农村土地承包法》第六十六条规定，虽然承包期限长于法律规定的期限，但是依然是有效的。故老张承包该块土地超过原本 30 年期限的部分是有效的，村委会无权要求老张返还承包地。

【背景知识】

我国于 20 世纪 80 年代初逐渐大规模推行农村土地家庭承包经营制度，各地存在一定的时间差异。1993 年开始有地方第一轮承包合同陆续到期，第二轮土地承包即"延包"工作启动。1993 年《中共中央、国务院关于当前农业和农村经济发展的若干政策措施》（中发〔1993〕11 号）

文件指出"在原定的耕地承包期到期之后，再延长30年不变"。后续1995年《国务院批转农业部关于稳定和完善土地承包关系的意见》（国发〔1995〕7号）、《中共中央办公厅、国务院办公厅关于进一步稳定和完善农村土地承包关系的通知》（中办发〔1997〕16号）等文件相继出台，以指导第二轮承包工作。至2000年年底，全国98%左右的村组基本完成延包工作。部分地区根据当地实际情况，第二轮承包期限超出30年。

从立法宗旨上来说，《农村土地承包法》第六十六条的规定是为了维护农村土地承包关系的稳定性，解决在第一轮农村土地承包和第二轮承包的衔接期间出现的现实问题。由于历史原因，在第一轮承包期的结束时间问题上，各个地区存在差异。举例来说，如果第一轮土地承包期至1999年12月31日结束，那么在2000年1月1日开始第二轮承包，根据《农村土地承包法》规定，耕地承包期是30年，第二轮承包期应该到2029年12月31日。各地的具体到期时间与第一轮发包的到期时间有关，由于第一轮发包时间和期限不一，以及《农村土地承包法》的实施时间较晚，因此会导致有些地区耕地的承包期限超过30年。

本法的制定与实施需要解决实施前已经按照国家有关规定形成的农村土地承包关系是否继续有效的问题。为保持政策的延续性和土地承包关系的稳定性，防止个别地方利用本法的规定变更已经签订的承包合同，调整承包期限，侵犯农民权益，《农村土地承包法》第六十六条明确承认第二轮承包的效力。即使土地承包合同中的承包期限超出本法的规定，例如，耕地承包期超过30年，林地承包期超过70年，该土地承包合同依然有效。这一规定符合"法不溯及既往"的原则，对于本法实施前已经按照国家有关规定形成的承包关系予以确认和保护，同时秉承了"保持农村土地承包关系稳定并长久不变"的宗旨。

【适用法律】《农村土地承包法》第六十六条：

第六十六条　本法实施前已经按照国家有关农村土地承包的规定承包，包括承包期限长于本法规定的，本法实施后继续有效，不得重新承包土地。

未向承包方颁发土地承包经营权证或者林权证等证书的，应当补发证书。

三、生产经营自主权

问题 12. 发包方可以规定农民种植作物种类吗？

【案例简介】

大槐树村村委会打算在村里推广一种优质油菜种子。这种油菜开花时的观赏价值高，可以帮助大槐树村发展观光农业。村主任老张计划集中成片种植。对此，大多数承包户都口头同意，唯独老李要种植土豆。为此，村委会召开村民代表大会，会上许多村民代表认为老李应该服从村委会统一领导，形成了在大槐树村统一推广种植优质油菜的决议，并要求老李也种植油菜。老李坚决不服从，认为该决议侵犯了自己的耕种自主权。

问题：请问大槐树村村委会可以强制老李家种植该品种油菜吗？

【案例解答】

不可以，大槐树村村委会的做法侵害了老李的生产经营自主权。

《农村土地承包法》第十五条第二项规定，发包方应尊重承包方的生产经营自主权，不得干涉承包方依法进行正常的生产经营活动；第十七条第一项规定，承包方依法享有承包地使用、收益的权利，有权自主组织生产经营和处置产品。

承包方有权自主决定生产经营是土地承包经营权的应有之义。为发展特色农业而强迫农户种植特定作物的做法是不可取的。本案中，老李家决定在承包地上种植土豆是其行使生产经营自主权的体现，发包方不得强迫农户改变种植作物的种类和经营方式。

【背景知识】

根据《农村土地承包法》第十五条，发包方承担下列义务：（一）维护承包方的土地承包经营权，不得非法变更、解除承包合同；（二）尊重承包方的生产经营自主权，不得干涉承包方依法进行正常的生产经营活动；（三）依照承包合同约定为承包方提供生产、技术、信息等服务；（四）执行县、乡（镇）土地利用总体规划，组织本集体经济组织内的农业基础设施建设；（五）法律、行政法规规定的其他义务。本案中，大槐树村村委会推广优质油菜种子的行为可以纳入第3项"依照承包合同约定为承包方提供生产、技术、信息等服务"，这实际上是发包方所承担的农村集体经济组织"统分结合的双层经营体制"中"统一经营"的职能。但要注意的是，统一经营以尊重承包方的生产经营自主权为前提，为满足土地的规模化利用而强迫农户"返租倒包"、为搞特色农业而强迫农户种植限定的作物等做法都是不可取的。

【适用法律】《农村土地承包法》第十五条和第十七条：

第十五条　发包方承担下列义务：（一）维护承包方的土地承包经营权，不得非法变更、解除承包合同；（二）尊重承包方的生产经营自主权，不得干涉承包方依法进行正常的生产经营活动；（三）依照承包合同约定为承包方提供生产、技术、信息等服务；（四）执行县、乡（镇）土地利用总体规划，组织本集体经济组织内的农业基础设施建设；（五）法律、行政法规规定的其他义务。

第十七条　承包方享有下列权利：（一）依法享有承包地使用、收益的权利，有权自主组织生产经营和处置产品；（二）依法互换、转让土地承包经营权；（三）依法流转土地经营权；（四）承包地被依法征收、征用、占用的，有权依法获得相应的补偿；（五）法律、行政法规规定的其他权利。

四、收益权

问题 13. 承包地的收益归谁所有？

【案例简介】

二轮承包开始时，老李家与大槐树村村委会签订承包耕地的合同，承包期为 30 年。老李的儿子李建国在城里务工时受伤，老李进城看顾孩子，承包地便无人耕种。为此，大槐树村村委会主任老张帮老李家联系了东方红农业公司，由该公司承租老李家的承包地。老李和该公司签订了土地经营权出租合同，租赁期限为两年。老张认为，村委会帮老李联系了农业公司，应该分一部分租金。

问题： 请问本案中，租金归谁所有？

【案例解答】

租金归老李家所有。

根据《农村土地承包法》第十七条的规定，在家庭承包中，承包方有权依法流转土地经营权。土地经营权出租是流转土地经营权的一种方式，其收益归承包方所有。

本案中，虽然老张以村委会的名义帮老李联系了农业公司，但村委会不是出租方，村委会要求分租金缺乏法律依据。

【适用法律】《农村土地承包法》第十七条和第三十九条：

第十七条 承包方享有下列权利：（一）依法享有承包地使用、收益的权利，有权自主组织生产经营和处置产品；（二）依法互换、转让土地承包经营权；（三）依法流转土地经营权；（四）承包地被依法征收、征用、占用的，有权依法获得相应的补偿；（五）法律、行政法规规定的其他权利。

第三十九条 土地经营权流转的价款，应当由当事人双方协商确定。流转的收益归承包方所有，任何组织和个人不得擅自截留、扣缴。

五、记载于权属证书的权利

问题 14. 以其他方式承包的耕地，未获得土地经营权权证对承包方有什么影响？

【案例简介】

通过召开村民大会，以公开招标的方式，老李在大槐树村承包了几块耕地，签订承包合同后却一直没有登记。现在老李年龄大了，无法耕种这么多耕地，想把这几块耕地租给同村其他年轻人来耕种。但是他们认为老李没有取得土地经营权权证，所以不愿意租老李的耕地。

问题：若还未办理土地经营权权属证书，老李是否已经取得土地经营权？未办理土地经营权权证是否会影响老李对外出租耕地？

【案例解答】

在未办理土地经营权权属证书之前，老李也已经取得土地经营权。未办理土地经营权权证的话，承包方不能对外流转土地经营权，的确会影响老李对外出租耕地。

根据《农村土地承包法》第四十九条的规定，以其他方式承包农村土地的，应当签订承包合同，承包方取得土地经营权。从文义解释的角度来理解的话，以其他方式承包农村土地的，只要签订了承包合同，而且发包程序合法，那么自签订承包合同之日起承包方就可以获得土地经营权。本案中，老李获得承包地的发包程序合法，也签订了土地承包合同，只是未办理权证的话不影响老李享有土地经营权。

根据《农村土地承包法》第五十三条，通过招标、拍卖、公开协商等方式承包农村土地，经依法登记取得权属证书的，可以依法采取出租、入股、抵押或者其他方式流转土地经营权。从文义上来看，以其他方式承包土地获得的土地经营权在依法登记取得权属证书之后才能进行流转，因此，登记对于"以其他方式取得的土地经营权"的意义在于登记之后可以进行流转，而不在于土地经营权的获得。因此，在本案中，即使没有获得权证，老李也已取得土地经营权。这里的登记造册行为，属于行政确认，而不是行政许可。即使没有申请登记造册，老李也仍然享有对承包地的权利，只是登记造册后相应的权利得到了不动产登记行政机构的确认，具有公示公信效力，可以为其权利增加一重保障。

【背景知识】

根据《物权法》第一百二十七条、《农村土地承包法》第二十三条的规定，土地承包经营权自土地承包经营权合同生效时设立。对于以家庭方式承包的土地而言，承包方自土地承包经营权合同生效时取得土地承包经营权，即使未在登记机构登记，未取得土地承包经营权证或者林权证等证书，承包方也已事实享有相应土地的土地承包经营权。

在2018年修正的《农村土地承包法》实施之前，以其他方式承包土地的，承包方享有的是土地承包经营权。对于以其他方式承包的土地而言，法律修正后，也主要是把名称改为了"土地经营权"。对于土地经营权的获得而言，同样是以发包方式获得，不应与土地承包经营权有区别。只要发包程序合法，也应当认为承包方自承包合同签订之日起获得土地经营权。在《农村土地承包法（2018年修正）》实施之前，以其他方式承包土地可以申请获得土地承包经营权证书，在此之后，以其他方式承包土地可以申请获得土地经营权权证。从稳定农民经营预期，保护其土地承包经营权益的角度而言，两种权证主要是名称的不同，不能认为未获得土地经营权权证会导致承包方未获得土地经营权。

【适用法律】

1.《农村土地承包法》第二十三条、第四十九条和第五十三条：

第二十三条　承包合同自成立之日起生效。承包方自承包合同生效时取得土地承包经营权。

第四十九条　以其他方式承包农村土地的，应当签订承包合同，承包方取得土地经营权。当事人的权利和义务、承包期限等，由双方协商确定。以招标、拍卖方式承包的，承包费通过公开竞标、竞价确定；以公开协商等方式承包的，承包费由双方议定。

第五十三条　通过招标、拍卖、公开协商等方式承包农村土地，经依法登记取得权属证书的，可以依法采取出租、入股、抵押或者其他方式流转土地经营权。

2.《物权法》第一百二十七条：

第一百二十七条　土地承包经营权自土地承包经营权合同生效时设

立。县级以上地方人民政府应当向土地承包经营权人发放土地承包经营权证、林权证、草原使用权证，并登记造册，确认土地承包经营权。

问题 15. 土地承包经营权证应当列入谁的名字？

【案例简介】

正值承包地确权登记之际，关于土地承包经营权证上应当列入谁的名字这一问题，小刘产生了疑惑。询问村委会得知，土地承包经营权证上只能列入小刘及其父亲两个人的姓名，小刘母亲的名字不能列在土地承包经营权证上。

问题：村委会给出的答案对吗？土地承包经营权证应当列入哪些人的名字？

【案例解答】

土地承包经营权证上不仅要列上小刘和他父亲的名字，还要列上他母亲的名字。

根据《农村土地承包法》的规定，农村土地承包，妇女与男子享有平等的权利。承包中应当保护妇女的合法权益，任何组织和个人不得剥夺、侵害妇女应当享有的土地承包经营权。为确认土地承包经营权，土地登记机构向承包方颁发的土地承包经营权证或者林权证等证书，应当将具有土地承包经营权的全部家庭成员列入。

为了更好地保护农村妇女合法土地承包权益，新修正的《农村土地承包法》借鉴了一些地方开展土地承包经营权确权登记的做法，第二十四条明确规定土地承包经营权证应当将具有土地承包经营权的全部家庭成员列入，进一步明确了农村妇女应当享有的权益。同时，《妇女权益保障法》也针对农村妇女的土地承包经营权益进行了规定。

【适用法律】

1.《农村土地承包法》第六条和第二十四条：

第六条 农村土地承包，妇女与男子享有平等的权利。承包中应当保护妇女的合法权益，任何组织和个人不得剥夺、侵害妇女应当享有的土地承包经营权。

第二十四条　国家对耕地、林地和草地等实行统一登记，登记机构应当向承包方颁发土地承包经营权证或者林权证等证书，并登记造册，确认土地承包经营权。

土地承包经营权证或者林权证等证书应当将具有土地承包经营权的全部家庭成员列入。

登记机构除按规定收取证书工本费外，不得收取其他费用。

2.《妇女权益保障法》第三十二条：

第三十二条　妇女在农村土地承包经营、集体经济组织收益分配、土地征收或者征用补偿费使用以及宅基地使用等方面，享有与男子平等的权利。

六、获得补偿的权利

问题 16. 依法被征收的承包地的补偿款应该归谁所有?

【案例简介】

李芳是大槐树村第八村民小组的村民，有承包地。她在与张大山离婚后，嫁到了西山村，与王国庆结为夫妻，户口也迁到了西山村，但是在西山村没有取得承包地。后来，第八组的地因为修建高速公路被国家征收，李芳的所有承包地均被征收，李芳拿到了相应的地上附着物和青苗的补偿费以及安置补助费。同时第八组关于土地补偿费通过合法程序达成了一份《分配方案》，根据该方案，李芳属于"享有承包经营权但是没有户口的人"，只能分得土地补偿费的三分之一。第八组现在已经拿到全部的土地补偿款，就此土地补偿费的分配问题，李芳和第八组产生了分歧。

问题：请问第八组应该支付多少土地补偿款给李芳?

【案例解答】

第八组应该按照《分配方案》，支付土地补偿款的三分之一给李芳。

《农村土地承包法》第十七条第四项规定，承包方"承包地被依法征收、征用、占用的，有权依法获得相应的补偿"，表明土地承包经营权人的承包地被征收、征用、占用时，承包方有权获得补偿。根据《物权法》第四十二条第二款，承包地征收时的补偿范围包括土地补偿费、安置补助费、地上附着物和青苗的补偿费等费用。

本案中，村民小组达成的《分配方案》不违背法律规定，且相对合理，对第八组和被征用土地村民具有约束力。因此第八组应该按照《分配方案》，向李芳支付土地补偿款的三分之一。

【适用法律】

1.《农村土地承包法》第十七条：

第十七条　承包方享有下列权利：（一）依法享有承包地使用、收益的权利，有权自主组织生产经营和处置产品；（二）依法互换、转让土地承包经营权；（三）依法流转土地经营权；（四）承包地被依法征收、征用、占用的，有权依法获得相应的补偿；（五）法律、行政法规规定的其他权利。

2.《物权法》第四十二条：

第四十二条　为了公共利益的需要，依照法律规定的权限和程序可以征收集体所有的土地和单位、个人的房屋及其他不动产。征收集体所有的土地，应当依法足额支付土地补偿费、安置补助费、地上附着物和青苗的补偿费等费用，安排被征地农民的社会保障费用，保障被征地农民的生活，维护被征地农民的合法权益。征收单位、个人的房屋及其他不动产，应当依法给予拆迁补偿，维护被征收人的合法权益；征收个人住宅的，还应当保障被征收人的居住条件。任何单位和个人不得贪污、挪用、私分、截留、拖欠征收补偿费等费用。

问题 17. 自愿把承包地交回的，承包地上的投入可以要求补偿吗？

【案例简介】

李建国一家和老张家进城落户后，将承包地交回大槐树村村委会，由于李建国先前为方便耕种，在耕地架设了水利设施并通过技术性改良提高了土地生产能力，便获得了相应的补偿。虽然老张也为土地投入了一定心血，但未提高土地生产能力，因此大槐树村村委会未给予其相应补偿。老张认为其与老李家一样均为方便耕种而对承包地有所投入，大槐树村村委会不给予其相应补偿是不公平的。

问题：承包期内，自愿把承包地交回的，之前在承包地上的投入可以要求补偿吗？

【案例解答】

根据《农村土地承包法》第二十七条，承包期内，承包方交回承包地或者发包方依法收回承包地时，承包方对其在承包地上投入而提高土地生产能力的，有权获得相应的补偿。

在承包期内，农户基于信赖土地承包经营权证书记载的承包期限，期待自己可在承包期限内对承包地行使土地承包经营权，因此为提高耕地收成和方便耕种，往往会建设水利、运输等设施，或者通过施肥、改良等方式提高土地生产能力。为保障农户的信赖利益，鼓励其对耕地的有益投入以提高土地生产能力，农户自愿交回或发包方依法收回承包地时，发包方应对农户的有益改良经过价值评估后参照市场价值予以补偿，这样能使农户积极对农地进行投入，提高土地生产能力，提升生产效率。

但若农户的投入未提高土地生产能力，便无法依据《农村土地承包法》第二十七条获得经济补偿。在本案中，老李对承包地的改良能够提高土地生产能力，因此其交回承包地后可获得经济补偿；而老张家尽管也对承包地投入心血，但未提高土地生产能力，发包方依法收回承包地后无需给予其经济补偿。

【适用法律】《农村土地承包法》第二十七条：

第二十七条　承包期内，发包方不得收回承包地。

国家保护进城农户的土地承包经营权。不得以退出土地承包经营权作为农户进城落户的条件。

承包期内，承包农户进城落户的，引导支持其按照自愿有偿原则依法在本集体经济组织内转让土地承包经营权或者将承包地交回发包方，也可以鼓励其流转土地经营权。

承包期内，承包方交回承包地或者发包方依法收回承包地时，承包方对其在承包地上投入而提高土地生产能力的，有权获得相应的补偿。

七、与继承相关的权利

问题 18. 承包人的承包收益可以被继承吗？

【案例简介】

老张家承包了数块耕地和一片林地，十几年来努力耕种，尤其是注重维持林地的土地质量和砍伐的可持续性，因此承包的林地长期以来收益稳定。老张的妻子贾兰年中在田里劳作时不小心摔跤昏迷后不治身亡。不久，人槐树村发生泥石流，老张一家都不幸遇难。老张家只剩多年前已转为城市户口的张长生一个亲人。

问题： 老张家承包耕地的承包收益可以被继承吗？张长生可以在承包期内继续承包耕地和林地吗？

【案例解答】

老张一家的承包收益可以由张长生继承，张长生可以在承包期内继续承包林地，但他不能在承包期内继续承包耕地。

家庭承包中的承包方是集体经济组织的农户。耕地的土地承包经营权不发生《继承法》上的继承，而是由承包方中共同承包经营的其他家庭成员继续承包经营。但承包人应得的承包收益，属于承包人的合法财产。当承包人死亡时，其应得的承包收益依照《继承法》的规定继承。同时，林地承包的承包人死亡时，其继承人可以在承包期内继续承包。

在本案中，贾兰去世后，老张家继续承包经营耕地，贾兰应得的承包收益根据《继承法》继承。老张家的人全部去世后，张长生可以继承老张家承包耕地应得的承包收益，并可在承包期内继续承包老张家承包的林地。

【适用法律】

1.《农村土地承包法》第三十二条：

第三十二条　承包人应得的承包收益，依照继承法的规定继承。

林地承包的承包人死亡，其继承人可以在承包期内继续承包。

2.《继承法》第三条和第四条：

第三条　遗产是公民死亡时遗留的个人合法财产，包括：（一）公民的收入；（二）公民的房屋、储蓄和生活用品；（三）公民的林木、牲畜和家禽；（四）公民的文物、图书资料；（五）法律允许公民所有的生产资料；（六）公民的著作权、专利权中的财产权利；（七）公民的其他合法财产。

第四条　个人承包应得的个人收益，依照本法规定继承。个人承包，依照法律允许由继承人继续承包的，按照承包合同办理。

八、互换、转让土地承包经营权的权利

问题 19. 国家机关工作人员阻止农户互换承包地的行为合法吗?

【案例简介】

老张想用院后承包的 2 亩地与老李猪舍后的 2.5 亩地互换，双方和大槐树村村委会都认为这次的互换依法、自愿，均同意本次的耕地互换。老张院后 2 亩地和张三家的农地相连，身为大槐树村所属镇人民政府副镇长的张三想为家里谋取这 2 亩地，进而将家中数块耕地联通。张三对此图谋已久，便指使大槐树村集体经济组织合作社拒绝本次耕地互换。大槐树村集体经济组织①工作人员张和平为讨好张三，以这次互换承包地不符合村

---

①　此案例中的"大槐树村集体经济组织作为发包方"是为了写作要求而单独设计的，其他案例如无特别说明，大槐树村村委会为发包方。

内土地规划为由拒绝了老张和老李互换耕地的请求。

问题：国家机关工作人员张三阻挠老张和老李自愿互换承包地的行为合法吗？

【**案例解答**】

国家机关工作人员张三阻挠老张和老李自愿互换承包地的行为不合法。

根据《农村土地承包法》第二十六条的规定，国家机关及其工作人员不得利用职权干涉农村土地承包或者变更、解除承包合同。

土地承包经营权是农民重要的财产性权益，农户之间依法、自愿、有偿地互换自己享有承包经营权的农地是对其财产性权益合法处分的行为，本质上是农户在各自的承包合同基础上，将承包方改成对方的变更承包合同的行为。

国家机关及其工作人员对农村土地承包或者变更、解除合同进行干涉，是对农民享有的土地承包经营权的侵害。依法互换、转让土地承包经营权是《农村土地承包法》第十七条规定的承包方享有的合法权利。而国家机关及其工作人员对农民之间互换土地干涉的，根据《农村土地承包法》第六十五条，给承包经营当事人造成损失的，应当承担损害赔偿等责任；情节严重的，由上级机关或者所在单位给予直接责任人员处分；构成犯罪的，依法追究刑事责任。

实践中，国家机关及其工作人员干涉农村土地承包或者变更、解除承包合同的形式有上级行政主管部门或者工作人员指使村委会强行或擅自变更、解除个别集体成员的承包合同，甚至剥夺离婚、外嫁妇女的土地承包经营权等。[①]

在本案中，老张与老李之间互换相应耕地的行为是依法、自愿的，张

---

① 参见高圣平等：《〈中华人民共和国农村土地承包法〉条文理解与适用》，人民法院出版社 2019 年版，第 129 页。

三不得因其在国家机关任职并为谋私欲而指使张和平干涉老张和老李之间依法、自愿的互换行为。

【背景知识】

国家机关是指国家的权力机关、行政机关、司法机关以及军事机关。包括各级人大及其常委会，各级人民政府，各级法院、检察院等。国家机关工作人员是指在国家机关中从事公务的人员，即在国家机关中行使一定职权、履行一定职务的人员。

就《农村土地承包法》而言，政府若不能严格依法行政，集体的土地所有权、农户的土地承包经营权、受让人经依法流转获得的土地经营权均可能受到损失，从而破坏土地这一基础生产要素的经济和社会效能，严重影响我国的土地管理秩序和社会稳定。因此在重视政府对经济活动的监管与调控的同时，也应当强调政府职权的合法行使，即政府行使职权应严格遵循执法依据、严格划定职权范围、严格遵守执法程序。

【适用法律】《农村土地承包法》第十七条、第二十六条和第六十五条：

第十七条 承包方享有下列权利：（一）依法享有承包地使用、收益的权利，有权自主组织生产经营和处置产品；（二）依法互换、转让土地承包经营权；（三）依法流转土地经营权；（四）承包地被依法征收、征用、占用的，有权依法获得相应的补偿；（五）法律、行政法规规定的其他权利。

第二十六条 国家机关及其工作人员不得利用职权干涉农村土地承包或者变更、解除承包合同。

第六十五条 国家机关及其工作人员有利用职权干涉农村土地承包经营，变更、解除承包经营合同，干涉承包经营当事人依法享有的生产经营自主权，强迫、阻碍承包经营当事人进行土地承包经营权互换、转让或者土地经营权流转等侵害土地承包经营权、土地经营权的行为，给承包经营当事人造成损失的，应当承担损害赔偿等责任；情节严重的，由上级机关或者所在单位给予直接责任人员处分；构成犯罪的，依法追究刑事责任。

问题 20. 土地承包经营权可以互换吗？

【案例简介】

大槐树村的老张用院后承包的 2 亩地与老李猪舍后的 2.5 亩地互换，但互换既未经发包方同意，也未向其备案。邻村张三因其地与老张院后 2 亩地相连，便想用后山的 3 亩地与老李交换院后 2 亩地。老李与张三前往大槐树村集体经济组织①询问互换事宜，工作人员告知老李，土地承包经营权互换只能在同一集体经济组织成员内部进行，同时由于互换土地承包经营权需要向发包方备案，故老李不能取得互换后院后 2 亩地的承包权。

问题： 老张和老李之间的院后 2 亩地与猪舍后 2.5 亩地可以互换吗？老李可以用院后 2 亩地与张三后山 3 亩地互换吗？

【案例解答】

老张和老李之间的院后 2 亩地与猪舍后 2.5 亩地可以互换，但是老李不可以用院后 2 亩地与张三后山 3 亩地互换。

互换是指承包方之间为方便耕作或者各自需要，对属于同一集体经济组织的承包地块进行交换，同时交换相应的土地承包经营权，互换将各承包方的土地承包经营权互为对价，同时处分，各承包方失去原属自己的土地承包经营权并获得原属对方的土地承包经营权。互换需要向发包方备案，而不是征得发包方的同意。备案并不是互换的生效要件，只是为了事后监管之便。

在土地承包经营权"三权分置"的体系之下，土地承包经营权同时具

---

① 此案例中的"大槐树村集体经济组织作为发包方"是为了写作要求而单独设计的，其他案例如无特别说明，大槐树村村委会为发包方。

有身份和财产双重性质，土地承包经营权的取得和享有应当以具有农村集体经济组织成员身份为前提，因此互换应当只能在同一集体经济组织内部进行。

在本案中，老张和老李签订的互换已生效，不因未向大槐树村集体经济组织备案而无效，院后 2 亩地与猪舍后 2.5 亩地已互换，已重新建立土地承包经营关系。由于张三不是大槐树村集体经济组织的成员，因此其不能用后山 3 亩地与老李进行互换。

【适用法律】《农村土地承包法》第三十三条：

第三十三条 承包方之间为方便耕种或者各自需要，可以对属于同一集体经济组织的土地的土地承包经营权进行互换，并向发包方备案。

问题 21. 土地承包经营权可以转让吗?

【案例简介】

大槐树村突发泥石流，老李家有 3 亩地被泥石流掩盖，无法继续耕作。老张是村委会主任，又是老党员，一心想帮扶老李家。老张家在岗上有半亩地正好挨着老李家仅存的 1 亩承包地，老张便找老李商量，想把自己家岗上半亩地的土地承包经营权转让给老李家，好让老李家增加可耕作的土地。

问题：老张家是否可以转让那半亩承包地的土地承包经营权？如果可以转让的话，是不是要得到村委会同意？转让的法律后果是什么？

【案例解答】

老张家可以转让那半亩地的土地承包经营权给老李家，但是需要发包方的同意。转让的结果是老李家取得该土地的土地承包经营权。

根据《农村土地承包法》的规定，承包方有权依法互换、转让土地承包经营权。根据第三十四条规定，经发包方同意，承包方可以将全部或者部分土地承包经营权转让给本集体经济组织的其他农户，由该农户同发包方确立新的承包关系，原承包方与发包方在该土地上的承包关系即行终止。

土地承包经营权转让改变了土地承包关系。转让土地承包经营权时，需注意以下问题：

1. 受让方只能为本集体经济组织的成员。

2. 转让需要经过发包方同意。根据法律的规定，发包方是行使承包地集体所有权的主体。土地承包经营权转让后，原土地承包经营权人与发包方之间的承包关系已不存在，而在受让方与发包方之间建立了新的土地承包关系，因此，土地承包经营权转让需经发包方同意。

在本案例中，首先，作为承包方，老张家有权转让这半亩地的土地承包经营权；其次，老张家和老李家都在大槐树村，属于同一集体经济组织，老李家有资格受让土地承包经营权，但是，转让应当征得发包方的同意；最后，老张家一旦转让了土地承包经营权，老李家就取代老张家成为这半亩地的承包方。

【适用法律】《农村土地承包法》第十七条和第三十四条。

第十七条　承包方享有下列权利：（一）依法享有承包地使用、收益的权利，有权自主组织生产经营和处置产品；（二）依法互换、转让土地承包经营权；（三）依法流转土地经营权；（四）承包地被依法征收、征用、占用的，有权依法获得相应的补偿；（五）法律、行政法规规定的其他权利。

第三十四条　经发包方同意，承包方可以将全部或者部分的土地承包经营权转让给本集体经济组织的其他农户，由该农户同发包方确立新的承包关系，原承包方与发包方在该土地上的承包关系即行终止。

问题22. 互换、转让土地承包经营权，必须要登记吗？

【案例简介】

老张家在水渠旁有3亩地，老李羡慕这块地的灌溉条件，于是提出愿意用自己家的5亩地来换老张家的这3亩地，老张家也同意了。两块土地在 2011 年完成互换，并有相应的互换协议在村委会备案。在此之后，老张家和老李家各自耕种互换过的土地，没有争议，而且也未曾办理变更登记。由于修筑高速公路，原先属于老李家的 5 亩地中的一部分被征用，由于补偿款的归属问题，引发了争议。老李家认为现有的土地承包经营权证书上登记的承包方是自己家，而不是老张家。老张家则认为两家互换承包地的事实是存在的，只是没有登记，并不影响互换土地承包经营权的效力。

问题：在本案中，哪一家享有诉争地块的土地承包经营权？互换土地承包经营权必须要进行登记吗？

【案例解答】

在本案中，老张家享有诉争地块的土地承包经营权。互换土地承包经营权并不是必须要进行登记的。

互换土地承包经营权是承包方享有的权利，同时由于互换土地承包经营权只能发生在同一集体经济组织内部，范围较小，在发包方处备案即可起到公示作用。因此，法律并不要求在互换土地承包经营权后一定要进行登记。在本案中，老张家和老李家的互换土地承包经营权有相应的协议，也有村委会的备案，以及多年实际经营的证明，可以认定互换土地承包经营权的法律效力。

【背景知识】

根据《农村土地承包法》第三十五条的规定，和土地承包经营权的互换一样，对于转让土地承包经营权的，登记并不是生效的要件，但是未经登记，不得对抗善意第三人。举例来说，如果在本案中，相关的政府部门在发放征地补偿款时，并不知道已经发生互换土地承包经营权的事实，由于信任相应的土地承包经营权证书，把补偿款错发给了老李家。此时，相关政府部门就属于善意的第三人，老张家不得向政府部门主张支付补偿款，只能根据已经发生的互换土地承包经营权的事实向老李家要求其返还相应的补偿款。

【适用法律】《农村土地承包法》第三十五条：

第三十五条　土地承包经营权互换、转让的，当事人可以向登记机构申请登记。未经登记，不得对抗善意第三人。

九、融资担保的权利

问题 23. 承包方可以用土地作担保向银行借款吗？

【案例简介】

东洼村村民小刘将自家的 5 亩承包地和其他土地一起进行规划和经营，准备种植药材。由于种植药材需要花费大量资金，小刘资金周转的压力很大，于是小刘想把自家的承包地抵押给银行以获得流动资金。

问题：小刘作为承包方，可以用土地作担保向银行借款吗？如果可以的话，小刘拿什么为银行设定担保？是土地经营权还是土地承包经营权？

【案例解答】

小刘作为承包方，可以用这 5 亩地的土地经营权作为担保向银行贷款，在实现担保物权时，也仅仅会处分土地经营权。

根据《农村土地承包法》的规定，承包方可以用承包地的土地经营权向金融机构融资担保，并向发包方备案。当担保人（承包方）不能清偿债务时，金融机构实现担保物权只涉及土地经营权，原有的土地承包关系不变。

【适用法律】《农村土地承包法》第四十七条：

第四十七条　承包方可以用承包地的土地经营权向金融机构融资担保，并向发包方备案。受让方通过流转取得的土地经营权，经承包方书面同意并向发包方备案，可以向金融机构融资担保。

担保物权自融资担保合同生效时设立。当事人可以向登记机构申请登记；未经登记，不得对抗善意第三人。

实现担保物权时，担保物权人有权就土地经营权优先受偿。

土地经营权融资担保办法由国务院有关部门规定。

第二节　以其他承包方式取得的土地经营权

一、承包"四荒地"的权利

问题 24. "四荒地"如何承包?

【案例简介】

大槐树村召开村民代表会议,决定以公开协商的方式发包该村几块荒地,并且讨论通过了发包该村荒地的方案。之后,村委会将这几块发包的荒地的名称、坐落、面积、质量以及承包要求、承包期限等信息予以公示,告知有意向承包荒地的村民可以参加公开协商会议。李建国、张大山以及非该村村民老赵等人对该次荒地承包十分感兴趣。在协商会上,经乡镇纪委、农经部门、村务监督委员会成员以及村民代表在场监督,非该村村民老赵与村委会就其中一块荒地的承包费等内容达成约定,并签订双方协议。事后,李建国反复思考,觉得老赵不是本村村民,不能承包该地,而且村委会也没有采取以往招标、投标的方式。以此为由,李建国要求大槐树村村委会解除其与老赵的合同。

问题: 老赵通过公开协商的方式能取得该块荒地的土地经营权吗?"四荒地"要如何承包?

【案例解答】

老赵虽不是大槐树村集体经济组织成员,但通过公开协商的方式,他能够合法取得荒地的土地经营权。"四荒地"可以直接通过招标、拍卖、公开协商等方式承包,也可以通过承包经营或者股份合作经营。

根据《农村土地承包法》第三条、第四十八条、第五十条规定,"四荒地"承包方式有两种:一是可以直接通过招标、拍卖、公开协商等方式实行承包经营;二是将土地经营权折股分给本集体经济组织的成员后,再实行承包经营或者股份合作经营。但是在承包的过程中要遵守防止水土流失、保护生态环境等环境保护、农业经营方面的法规。以其他方式承包的"四荒地"一般不限制承包方的资格，也就是说承包方可以是本集体经济组织的成员，也可以是本集体经济组织以外的单位或者个人。但是根据《农村土地承包法》第五十一条和五十二条的规定，本集体经济组织成员享有"四荒地"的优先承包权，本集体经济组织以外的单位或者个人承包除事先应当经本集体经济组织成员的村民会议三分之二以上成员或者三分之二以上村民代表同意，并报乡（镇）人民政府批准外，还应当事先对承包方的资信情况和经营能力进行审查，再签订承包合同。

本案中，首先，虽然老赵不是大槐树村集体经济组织的成员，但是"四荒地"承包一般不受承包方资格的限制，因此老赵能够参与该块荒地的承包；其次，大槐树村村委会对该村的荒山荒地以公开协商的方式发包，该种形式也是符合《农村土地承包法》第四十八条规定的，对"四荒地"的承包不是只能通过招标投标的方式，公开协商同样也是可以的。有意愿承包"四荒地"的当事人在平等、自愿的基础上，公开就承包的相关事宜进行协商，最终承包条件最好的承包方取得该块荒地的土地经营权。老赵参与公开协商会议，并且与村委会达成协议取得该块荒地的土地经营权是符合法律规定的。

【适用法律】

《农村土地承包法》第三条、第四十八条、第五十条、第五十一条和第五十二条：

第三条 国家实行农村土地承包经营制度。

农村土地承包采取农村集体经济组织内部的家庭承包方式，不宜采取家庭承包方式的荒山、荒沟、荒丘、荒滩等农村土地，可以采取招标、拍卖、公开协商等方式承包。

第四十八条 不宜采取家庭承包方式的荒山、荒沟、荒丘、荒滩等农村土地，通过招标、拍卖、公开协商等方式承包的，适用本章规定。

第五十条 荒山、荒沟、荒丘、荒滩等可以直接通过招标、拍卖、公开协商等方式实行承包经营，也可以将土地经营权折股分给本集体经济组织成员后，再实行承包经营或者股份合作经营。

承包荒山、荒沟、荒丘、荒滩的，应当遵守有关法律、行政法规的规定，防止水土流失，保护生态环境。

第五十一条 以其他方式承包农村土地，在同等条件下，本集体经济组织成员有权优先承包。

第五十二条 发包方将农村土地发包给本集体经济组织以外的单位或者个人承包，应当事先经本集体经济组织成员的村民会议三分之二以上成员或者三分之二以上村民代表的同意，并报乡（镇）人民政府批准。

由本集体经济组织以外的单位或者个人承包的，应当对承包方的资信情况和经营能力进行审查后，再签订承包合同。

问题 25. 本集体经济组织以外的人如何承包"四荒地"？

【案例简介】

大槐树村村委会在没有经过村民会议三分之二以上村民同意，也没有取得三分之二以上村民代表的同意，同时也没有报区人民政府批准的情况下，与不是该村村民的小徐签订了一份荒丘承包合同。合同签订后，两方到公证处办理了公证手续。大槐树村村委会与小徐在合同中约定，承包的荒丘需用于种植苹果树。大槐树村村民知道后，推举诉讼代表人，向人民法院起诉，以大槐树村村委会对本集体经济组织以外的人发包未按照法定程序为由，要求确认大槐树村村委会与小徐签订的合同无效。

问题：大槐树村村委会与小徐签订的合同是无效的吗？不是该集体经济组织成员的其他人要如何承包"四荒地"呢？

【案例解答】

大槐树村村委会对外发包荒丘的事项不符合法定程序，因此，其与小徐签订的合同是无效的。本集体经济组织以外的人承包"四荒地"必须要经过村民会议或村民代表三分之二以上成员的同意，应当报乡（镇）人民政府批准，才能承包"四荒地"。

根据《农村土地承包法》第五十二条以及《国务院办公厅关于进一步做好治理开发农村"四荒"资源工作的通知》（国办发〔1999〕102号）的规定，其他方式承包农村土地的基本程序是：（1）拟定"四荒地"开发治理的方案并经过村民会议或村民代表大会讨论通过；（2）方案实施后，如果是本集体经济组织以外的单位或者个人承包的，必须经过村民会议或村民代表三分之二以上成员的同意；（3）对于经过上述程序、符合条件的承包方应当报乡（镇）人民政府批准；（4）审查承包方的资信情况和经营能力并签订合同。

本案中，大槐树村村委会对外发包荒丘没有经过法定程序。首先，在发包之前该荒丘的承包方案没有经过村民会议或者村民代表大会的讨论通过；其次，村委会与小徐签订的承包合同没有经过村民会议三分之二以上村民同意或者是三分之二以上村民代表的同意，同时也没有将承包事项报乡（镇）人民政府批准。虽然合同签订后村委会和小徐到公证处办理了公证手续，但是这不是法定的必要程序。因此，小徐和村委会签订的合同违反了《农村土地承包法》的相关规定，应当认为是无效合同。

【背景知识】

《农村土地承包法》第五十二条是针对发包方将农村土地发包给本集体经济组织以外的单位或者个人承包应当遵循的特别规定，其立法目的在于防止个别负责人不经过法律规定的民主程序非法发包对农民集体所有土地的所有权造成侵害，保护本集体经济组织所有成员的利益。

村民会议、村民代表会议是农村基层群众性民主自治制度的主要表现形式，是一种非国家形态的民主，在农村中农民可以自己决定部分事务。在我国代议制民主的制度设计下，村民的意见最快只能通过县级人民代表大会的民主决策表达，因此通过基层民主政治的协商民主能够实现我国的基层民主、克服代议制选举民主的不足，可以使农民的意见得到更直接、有效的表达，使公民享有更广泛而有序的政治参与和利益表达，保证人民当家作主的权利。因此，对于同村或全体农民利益相关的重大事件，如制定乡规民约、流转"四荒地"至集体经济组织以外的人等，均应通过基层群众性民主自治进行决策。

【适用法律】

1. 《农村土地承包法》第五十二条：

第五十二条　发包方将农村土地发包给本集体经济组织以外的单位或者个人承包，应当事先经本集体经济组织成员的村民会议三分之二以上成员或者三分之二以上村民代表的同意，并报乡（镇）人民政府批准。

由本集体经济组织以外的单位或者个人承包的，应当对承包方的资信情况和经营能力进行审查后，再签订承包合同。

2. 《国务院办公厅关于进一步做好治理开发农村"四荒"资源工作的通知》（国办发〔1999〕102号）。

对"四荒"使用权承包、租赁或拍卖必须严格按程序规范进行，并切实保护治理开发者的合法权益。

（一）农村集体经济组织内的农民都有参与治理开发"四荒"的权利，同时积极支持和鼓励社会单位和个人参与。在同等条件下，本集体经济组织内的农民享有优先权。

（二）农村"四荒"资源属当地农民群众集体所有，农村集体经济组织在实施承包、租赁或拍卖"四荒"使用权之前，必须坚持公开、公平、自愿、公正的原则，充分发扬民主，广泛征求群众意见，应成立由村民代表参加的工作小组，拟定方案，要规定治理开发"四荒"的范围、期限、方式（承包、租赁、拍卖等）与程序、估价标准，明确治理开发的内容和要求等，经村民会议或者村民代表大会讨论通过。依照有关土地管理的法律、法规须报经县级以上人民政府批准的，应办理有关批准手续。如果承包、租赁或拍卖对象是本集体经济组织以外的单位或者个人，必须经村民会议三分之二以上成员或者三分之二以上村民代表的同意。

二、协商确定承包费的权利

问题 26. "四荒地"承包费怎么确定呢？

【案例简介】

为了更好地利用农村土地资源，大槐树村和东洼村村委会分别召集村民讨论决定发包村里的荒地。大槐树村村委会打算以招标的方式发包荒丘，在公告栏张贴招标公告，列出发包的荒丘位置、面积、质量以及承包要求、承包期限和对承包经营者的资格要求等招标条件。邻村东洼村村委会打算采取公开协商的方式发包一块临近大槐树村的荒山，已确定了公开协商会议的日期。大槐树村村民张大山有意承包这两块荒地，但是不了解这两块荒地的承包费要如何计算。

问题：以招标和公开协商方式承包的"四荒地"，费用要如何确定？

【案例解答】

以招标方式承包大槐树村的荒丘，张大山需要通过投标书竞价确定承包费。以公开协商方式承包东洼村的荒山，张大山需要参与公开协商，承包费用由发包方与承包方协商确定。

根据《农村土地承包法》第四十九条的规定，以其他方式承包农村土地的，应当签订承包合同，承包方取得土地经营权。当事人的权利和义务、承包期限等，由双方协商确定。以招标、拍卖方式承包的，承包费通过公开竞标、竞价确定；以公开协商等方式承包的，承包费由双方议定。值得注意的是，承包地是属于本集体经济组织的集体资产，承包费的使用应当由集体经济组织决定，不是个别人说了算。任何单位和个人都是不能挪用承包费的。

本案中，首先，张大山作为大槐树村的村民可以直接参与大槐树村荒丘的投标。就东洼村的荒山而言，虽然张大山不是该集体经济组织的成员，但依据农村土地承包法的规定，"四荒地"的承包可以是该村集体经济组织成员以外的人，因此，张大山也是能够参与东洼村的公开协商会议来承包荒山的。其次，关于不同承包方式下承包费的确定问题，依据《农村土地承包法》第四十九条的规定，大槐树村采取的是招标的方式，张大山需要在投标书中依据招标公告的内容写明条件，其中包括承包价格，并与其他投标者进行竞价。该价格也就是招标方式下的承包费。东洼村采取的是公开协商的方式，因此承包费是在协商过程中确定的。此外，依据《农村土地承包法》第四十九条的规定，以招标、拍卖、公开协商方式取得"四荒地"的土地经营权，应当要签订承包合同。

【背景知识】

以其他方式承包取得的权利是土地经营权，是不同于以家庭承包方式取得的土地承包经营权。土地经营权是指土地经营权人依法在承包农户承包经营的或集体经济组织未予发包的农村土地上从事种植业、林业、畜牧业等农业生产并取得收益的权利。在这个概念中，首先，土地经营权的主体很广泛，具有农业生产能力的自然人、法人及非法人组织都可以涵盖，非本集体经济组织成员亦无不可；其次，"依法"指的是土地经营权的设定和行使尚须依照法律的规定，土地经营权虽依合同而设定，但其权利内容和行使并非全由合同约定，法律上可予以限制，如不得改变土地的农业用途、不得破坏农业综合生产能力和农业生态环境，等等。①

【适用法律】《农村土地承包法》第四十九条和第五十二条：

第四十九条　以其他方式承包农村土地的，应当签订承包合同，承包方取得土地经营权。当事人的权利和义务、承包期限等，由双方协商确定。以招标、拍卖方式承包的，承包费通过公开竞标、竞价确定；以公开协商等方式承包的，承包费由双方议定。

---

① 参见高圣平等：《〈中华人民共和国农村土地承包法〉条文理解与适用》，人民法院出版社 2019 年版，第 327 - 328 页。

第五十二条　发包方将农村土地发包给本集体经济组织以外的单位或者个人承包，应当事先经本集体经济组织成员的村民会议三分之二以上成员或者三分之二以上村民代表的同意，并报乡（镇）人民政府批准。

由本集体经济组织以外的单位或者个人承包的，应当对承包方的资信情况和经营能力进行审查后，再签订承包合同。

三、本集体经济组织成员优先承包权

问题27. 本集体经济组织成员可以优先承包"四荒地"吗？

【案例简介】

大槐树村召开了一次村民大会讨论"四荒地"承包问题。会上村委会对一块拟发包的洼地的情况进行了介绍，但是村里没人愿意承包这块洼地。东洼村小刘得知此事后，去大槐树村与村委会协商，并签订了洼地承包合同。此事已经过合法的民主议定程序通过，在公示期内大槐树村的村民没人主张优先承包权，承包也得到了乡人民政府的批准。之后，小刘按照约定在承包的洼地上种植药材，收入很好。大槐树村村民老李看到其中的收益，于是向村委会提出要按照与小刘同样的条件优先承包这块洼地。

问题：老李能够向村委会提出优先承包这块洼地吗？

【案例解答】

小刘通过合法程序承包这块洼地后，老李提出对这块洼地的优先承包权缺乏法律支持。

本集体经济组织成员享有优先承包权，是由法律明确规定的。行使优先承包权应当具备以下条件：（1）主张优先承包权的主体具有本集体经济组织成员资格；（2）承包优先权以同等条件为前提，同等条件指的是承包费、承包期主要内容相同；（3）要在一定期限内行使优先承包权。

根据《农村土地承包法》的规定，发包方发包"四荒地"时，在同等条件下，本集体经济组织成员有权优先承包。虽然《农村土地承包法》没有规定优先承包权的行使期限和行使方式，但在司法实践中，《最高人民法院关于审理涉及农村土地承包纠纷案件适用法律问题的解释》规定，在书面公示合理期限内未提出优先权主张的，不享有优先权；在发包方将农村土地发包给本集体经济组织以外的单位或者个人，已经法律规定的民主议定程序通过，并由乡（镇）人民政府批准后，本集体经济组织的成员不得再主张优先承包权。

在本案中，在大槐树村村民没有人愿意承包这块洼地的情况下，小刘承包了这块洼地，并且他的承包经过了合法的民主议定程序。大槐树村村民老李因为羡慕小刘种植药材后的收入，提出要优先承包这块洼地没有法律依据。老李在合理期间内没有行使自己的优先承包权。在此情况下，老李不能向村委会要求优先承包该洼地。

【法律适用】

1.《农村土地承包法》第五十一条：

第五十一条　以其他方式承包农村土地，在同等条件下，本集体经济组织成员有权优先承包。

2.《最高人民法院关于审理涉及农村土地承包纠纷案件适用法律问题的解释》第十一条和第十九条：

第十一条　土地承包经营权流转中，本集体经济组织成员在流转价款、流转期限等主要内容相同的条件下主张优先权的，应予支持。但下列情形除外：（一）在书面公示的合理期限内未提出优先权主张的；（二）未经书面公示，在本集体经济组织以外的人开始使用承包地两个月内未提出优先权主张的。

第十九条　本集体经济组织成员在承包费、承包期限等主要内容相同的条件下主张优先承包权的，应予支持。但在发包方将农村土地发包给本集体经济组织以外的单位或者个人，已经法律规定的民主议定程序通过，并由乡（镇）人民政府批准后主张优先承包权的，不予支持。

四、流转土地经营权的权利

问题 28. 取得"四荒地"土地经营权后可以流转吗？

【案例简介】

李建国外出打工，将自己承包的荒地出租给同村的张大山，两人签订了《土地经营权出租合同》。合同约定：李建国将位于大槐树村东大桥西侧、公路北侧的一块荒丘，面积 1 亩，以每年 890 元的价格出租给张大山，约定每年年底交租金。该块土地是李建国在 2010 年以公开协商的方式取得的，并且获得了土地经营权证。合同签订后，大槐树村村委会认为李建国的出租行为没有经过村委会的同意，因此要求张大山向村委会支付租金。

问题：李建国能出租该块荒丘的土地经营权吗？村委会可以向张大山索要租金吗？

【案例解答】

李建国能够出租该块荒地的土地经营权。村委会无权向张大山索要租金。

根据《农村土地承包法》的规定，通过招标、拍卖、公开协商等方式承包农村土地，经依法登记取得权属证书的，可以依法采取出租、入股、抵押或者其他方式流转土地经营权。由此可见，以其他方式取得的土地经营权流转，是以依法登记取得权属证书为前提的。取得"四荒地"土地经营权后，经依法登记取得权属证书后，土地经营权可以流转。另外，任何组织和个人不得擅自截留、扣缴土地经营权流转的收益。

本案中，首先，李建国通过公开协商方式获得该块荒丘的土地经营权，并且经依法登记取得了土地经营权证，他可以将该块荒丘的土地经营权出租给张大山；其次，村委会无权干涉李建国出租荒丘土地经营权的行为，也不得向张大山索取该块荒丘的租金。

【适用法律】《农村土地承包法》第五十三条和第六十一条：

第五十三条　通过招标、拍卖、公开协商等方式承包农村土地，经依法登记取得权属证书的，可以依法采取出租、入股、抵押或者其他方式流转土地经营权。

第六十一条　任何组织和个人擅自截留、扣缴土地承包经营权互换、转让或者土地经营权流转收益的，应当退还。

第三节　土地承包其他问题

一、关于继承相关的权利

问题 29. "四荒地"的承包人死亡后其继承人可以继续承包吗?

【案例简介】

大槐树村村民老李与村委会签订了一块荒地的土地承包合同，取得了该块地的土地经营权证，并在荒地上种植药材，效益很好。一年后，老李病逝，其外出打工的儿子李建国返乡后想继续承包父亲的承包地。但是村委会决定收回该块荒地重新发包给他人，以取得更高的承包费。李建国坚持认为该块荒地是他父亲承包，并且还在承包期内，村委会不能收回。双方因此产生纠纷。

问题：请问在老李死亡后，他的继承人李建国可以继续承包该块荒地吗?

【案例解答】

老李的儿子李建国作为老李的合法继承人，在老李承包地未到期的情况下，若想继续承包，是完全可以的，村委会不得以任何理由阻止。

我国《农村土地承包法》第五十四条对"四荒地"土地经营权的继承进行了规定。其他承包方式得到的土地经营权是属于《继承法》规定的遗产范围，是个人的合法财产。

首先，关于承包收益，不管是家庭承包还是"四荒地"承包，承包收益都是可以由继承人依法继承的。依据《继承法》第四条规定，个人承包应得的个人收益，依照本法规定继承。个人承包，依照法律允许由继承人继续承包的，按照承包合同办理。这里的收益不仅包括承包方在生前已经取得的，而且也包括承包人死亡时还没有取得的收益，例如果树上还没成熟的果子。《最高人民法院关于贯彻执行〈继承法〉若干问题的意见》第四条指出，承包人死亡时尚未取得承包收益的，可把死者生前对承包所投入的资金和所付出的劳动及其增值和孳息，由发包单位或者承接承包合同的人合理折价、补偿，其价额作为遗产。

其次，关于土地经营权的继承。承包方的继承人是可以在土地经营权未到期的情况下，继续按照承包合同的约定经营"四荒地"并取得承包收益的。这也更加体现出"四荒地"强调经济效益和资源配置。

在本案中，大槐树村与老李签订了荒地的承包合同，在承包期内老李病逝。李建国作为老李的合法继承人，在老李承包地未到期的情况下，有意继续经营父亲承包的荒地。依据《农村土地承包法》的规定，作为继承人的李建国是能够继续按照承包合同的约定经营"四荒地"，并取得承包收益的。因此，村委会因为老李病逝而决定收回该块荒地重新发包给他人的行为违反了《农村土地承包法》的相关规定。

【背景知识】

土地承包经营权的继承问题是关系到我国广大农村长期繁荣稳定的关键问题之一，赋予农民长期而有保障的土地承包经营权是必须要解决的问题。因此，1985年制定的《继承法》根据农村经济体制改革的需要，在第四条规定："个人承包应得的个人收益，依照本法规定继承。个人承包，依照法律允许由继承人继续承包的，按照承包合同办理。"为了绿化山川，治理水土流失，我国于1991年通过的《水土保持法》第二十六条规定，承包"四荒地"的，基于治理水土流失所种植的林木及其果实归承包者所有，基于治理水土流失而新增加的土地，由承包者使用。而且承包者在合同有效期内死亡的，继承人可以依照承包合同的约定继续承包。

【适用法律】

1.《农村土地承包法》第五十四条：

第五十四条　依照本章规定通过招标、拍卖、公开协商等方式取得土地经营权的，该承包人死亡，其应得的承包收益，依照继承法的规定继承；在承包期内，其继承人可以继续承包。

2.《继承法》第四条：

第四条　个人承包应得的个人收益，依照本法规定继承。个人承包，依照法律允许由继承人继续承包的，按照承包合同办理。

3.最高人民法院《关于贯彻执行〈中华人民共和国继承法〉若干问题的意见》第四条：

第四条　承包人死亡时尚未取得承包收益的，可把死者生前对承包所投入的资金和所付出的劳动及其增值和孳息，由发包单位或者接续承包合同的人合理折价、补偿，其价额作为遗产。

二、关于土地承包经营权

问题30. 哪些土地属于农村土地？

【案例简介】

大槐树村苗圃场的土地是国家所有、依法由大槐树村集体经济组织使用的林地，村集体经济组织与老李签订了《土地承包经营合同》，约定由老李承包经营苗圃场西头50亩的林地，承包期限为30年。10年后，老李的儿子李建国从城市打工归来，认为苗圃场不是老李的承包地，因为苗圃场的土地属于国家所有的土地，而非农村土地。

问题：大槐树村苗圃场土地属于农村土地吗？老李能否取得苗圃场的土地承包经营权？

【案例解答】

大槐树村苗圃场的土地属于农村土地，老李可以取得苗圃场的土地承包经营权。

首先需要明确的是，国家所有的土地与农村土地并不是相互排斥的概念，国家所有的土地在符合一定条件时是可以成为农村土地的。《农村土地承包法》第二条明确规定："本法所称农村土地，是指农民集体所有和国家所有依法由农民集体使用的耕地、林地、草地，以及其他依法用于农业的土地。"这表明，农村土地除农民集体所有土地以外，还包括一部分国家所有但由农民集体使用的土地，以及"其他依法用于农业的土地"，包括"四荒地"、养殖水面、湿地、机动地等。这些土地的共同特征是农业用途。

在本案中，苗圃场的土地虽然是国家所有的土地，但却是依法由大槐树村集体经济组织使用的林地。故而，苗圃场的土地属于农村土地，大槐树村集体经济组织与老李之间存在土地承包经营关系，并且由《农村土地承包法》来调整。

【背景知识】

顾名思义，农村土地承包经营关系以农村土地为存在基础，如果涉案土地并非农村土地，则当事人双方之间也不存在土地承包经营关系，《农村土地承包法》也不具有适用的可能性。

结合《农村土地承包法》第二条和第三条可知，农村土地有如下三种：（1）农民集体所有的耕地、林地、草地；（2）国家所有依法由农民集体使用的耕地、林地、草地；（3）其他依法用于农业的土地，包括"四荒"地、养殖水面、湿地、机动地等。

法律之所以规定国家所有依法由农民集体使用的耕地、林地和草地是农村土地，原因在于这些土地是农业用地，而且往往由农民集体按照承包经营的方式进行农业生产，其产生的法律关系与《农村土地承包法》调整的承包关系相近。如果是国家所有且用于农业生产，但不交由农民集体使用的土地，按照《最高人民法院关于国有土地开荒后用于农耕的土地使用权转让合同纠纷案件如何使用法律问题的批复》，这类土地不属于《农村土地承包法》第二条所规定的农村土地。

【适用法律】《农村土地承包法》第二条和第三条：

第二条　本法所称农村土地，是指农民集体所有和国家所有依法由农民集体使用的耕地、林地、草地，以及其他依法用于农业的土地。

第三条　国家实行农村土地承包经营制度。农村土地承包采取农村集体经济组织内部的家庭承包方式，不宜采取家庭承包方式的荒山、荒沟、荒丘、荒滩等农村土地，可以采取招标、拍卖、公开协商等方式承包。

问题31. 自家的承包地上可以建房子吗？

【案例简介】

老李家承包地的交通条件较好。为了增加收入，老李在自己家的承包地上建了简易厂房，用于出租。厂房建成后不久，县人民政府向老李发出《责令限期拆除违法建筑决定书》，并在一段时间后强制拆除。

问题：请问老李是否可以在承包地上建设厂房？如果想要建设厂房，是否需要得到批准？

【案例解答】

老李不得在承包地上建设厂房。如果老李要建厂房，需要得到批准，办理农用地转用审批手续。

根据《农村土地承包法》的规定，农村土地承包经营应当遵守法律、法规，保证土地资源的合理开发和可持续利用。承包方应维持土地的农业用途，未经依法批准不得用于非农建设。由此可见，土地承包经营权人未经许可擅自改变承包地用途是法律所禁止的。另外，根据《土地管理法》的规定，需要占用耕地建房的，应当办理农用地转用审批手续。

本案中，改变承包地的农业用途，涉及土地用途管制和耕地保护，受法律严格限制，必须办理相关手续。《农村土地承包法》第六十三条规定："承包方、土地经营权人违法将承包地用于非农建设的，由县级以上地方人民政府有关主管部门依法予以处罚。"未办理审批手续擅自将承包地用于非农建设的，将由有关主管机关做出处罚决定，行为人要承担相应的法律后果。

【适用法律】

1.《农村土地承包法》第十八条和第六十三条：

第十八条　承包方承担下列义务：（一）维持土地的农业用途，未经依法批准不得用于非农建设；（二）依法保护和合理利用土地，不得给土地造成永久性损害；（三）法律、行政法规规定的其他义务。

第六十三条　承包方、土地经营权人违法将承包地用于非农建设的，由县级以上地方人民政府有关主管部门依法予以处罚。承包方给承包地造成永久性损害的，发包方有权制止，并有权要求赔偿由此造成的损失。

2.《土地管理法》第四十四条：

第四十四条　建设占用土地，涉及农用地转为建设用地的，应当办理农用地转用审批手续。

永久基本农田转为建设用地的，由国务院批准。

在土地利用总体规划确定的城市和村庄、集镇建设用地规模范围内，为实施该规划而将永久基本农田以外的农用地转为建设用地的，按土地利用年度计划分批次按照国务院规定由原批准土地利用总体规划的机关或者其授权的机关批准。在已批准的农用地转用范围内，具体建设项目用地可以由市、县人民政府批准。

在土地利用总体规划确定的城市和村庄、集镇建设用地规模范围外，将永久基本农田以外的农用地转为建设用地的，由国务院或者国务院授权的省、自治区、直辖市人民政府批准。

问题32. 违法将承包地用于非农建设由谁管理？

【案例简介】

张小花在大槐树村有承包地。和东洼村的小刘结婚后，张小花搬入东洼村与小刘一起居住和劳作，同时将户口迁入东洼村。因为正处于二轮承包期内，东洼村又实行"增人不增地，减人不减地"的政策，所以张小花在东洼村没有获得承包地。后来，张小花考虑到已经不实际在大槐树村进行农业生产，所以在其承包地上建造了一座房屋，作为回娘家时居住之用。县自然资源局调查后认定张小花未经批准违法将承包地用于非农建设，责令其限期拆除。张小花认为承包地是村集体所有，只要村集体同意，县自然资源局无权处罚。

问题：县自然资源局是否有权处理该事件？

【案例解答】

县自然资源局是处理该事件的行政主管部门。

《农村土地承包法》第六十三条第一款规定："承包方、土地经营权人违法将承包地用于非农建设的，由县级以上地方人民政府有关主管部门依法予以处罚。"在本案中，张小花在承包地上修建房屋，未办理农用地转用审批手续，属于非法改变土地的农业用途，县自然资源局对其处罚于法有据。

【背景知识】

《土地管理法》第四十四条第一款规定："建设占用土地，涉及农用地转为建设用地的，应当办理农用地转用审批手续。"农用地用途管制事关国家18亿亩耕地红线和粮食安全，相关的农业农村、林业和草原主管部门应承担职责，严格管制农用地的非农化问题。

【适用法律】

1. 《农村土地承包法》第六十三条：

第六十三条　承包方、土地经营权人违法将承包地用于非农建设的，由县级以上地方人民政府有关主管部门依法予以处罚。

承包方给承包地造成永久性损害的，发包方有权制止，并有权要求赔偿由此造成的损失。

2. 《土地管理法》第三十七条：

第三十七条　非农业建设必须节约使用土地，可以利用荒地的，不得占用耕地；可以利用劣地的，不得占用好地。

禁止占用耕地建窑、建坟或者擅自在耕地上建房、挖砂、采石、采矿、取土等。

禁止占用永久基本农田发展林果业和挖塘养鱼。

问题 33. 土地承包经营合同应该和谁签?

【案例简介】

大槐树村老李分得了村西头 0.5 亩的承包地，该承包地系大槐树村村西经济合作社①村民集体所有的耕地；张大山分得了村东头 0.5 亩的承包地，该承包地系大槐树村村东经济合作社村民集体所有的耕地。次日，老李和张大山分别要求村西经济合作社和村东经济合作社与之签订土地承包合同。老李顺利地与大槐树村村西经济合作社签订了土地承包合同，但村东经济合作社和相应的村民小组不具有发包条件，没有与张大山签订土地承包合同。

问题： 张大山应该同谁签订土地承包合同？

【案例解答】

老李的土地承包合同的相对方是村西经济合作社，但张大山的土地承包合同的相对方不是村东经济合作社，而是大槐树村的农村集体经济组织或者村民委员会。

《农村土地承包法》第十三条规定了不同情况下土地承包合同的发包方是不同的。如果农村土地系村农民集体所有的，当村内只有一个农村集体经济组织时，该农村集体经济组织或者村民委员会是发包人；当村内有两个以上农村集体经济组织时，村内各农村集体经济组织或者村民小组是

---

① 此案例中的"大槐树村村西经济合作社作为发包方"是为了写作要求而单独设计的，其他案例如无特别说明，大槐树村村委会为发包方。

发包人。如果农村土地系国家所有依法由农民集体使用的农村土地，使用该土地的农村集体经济组织、村民委员会或者村民小组是发包人。但无论是村农民集体所有的或者国家所有依法由农民集体使用的农村土地，只要村内各农村集体经济组织或者村民小组发包有困难的或者不方便的，该村的村集体经济组织或者村民委员会可以代为发包。

在本案中，老李与大槐树村的村西经济合作社签订土地承包合同，村西经济合作社就是合同的发包方。至于张大山，村东经济合作社和相应的村民小组由于不具有发包条件，没有与张大山签订土地承包合同，自然不是土地承包合同的发包方。根据《农村土地承包法》第十三条的规定可知，当村内农村集体经济组织和相应的村民小组不具有发包条件时，该村的村集体经济组织或者村民委员会可以代为发包，则大槐树村的村集体经济组织或者村民委员会是张大山土地承包合同的发包人。

【背景知识】

对于农民集体所有的农村土地而言，发包方确定的依据是"谁所有谁发包"。如果有农村集体经济组织的，则由农村集体经济组织发包；如果没有农村集体经济组织，则由村民委员会发包。对于村内有两个以上农村集体经济组织时，村内各农村集体经济组织或者村民小组是发包人，如果村内各农村集体经济组织或者村民小组不具备发包条件或者由其发包不方便，由村集体经济组织或者村民委员会进行发包。需要注意的是，"村集体经济组织"是指行政村，而不是自然村。

对于国家所有依法由农民集体使用的农村土地而言，"谁所有谁发包"原则并不适用，因为国家作为农村土地的所有者，全国农村的数量成千上万，由国家作为发包方没有必要，也不现实。故而，《农村土地承包法》第十三条第二款规定了国家所有依法由农民集体使用的农村土地，由使用该土地的农村集体经济组织、村民委员会或者村民小组发包。至于在实务中具体由谁来发包，可以参考第十三条第一款的规定。

【适用法律】《农村土地承包法》第十三条：

第十三条　农民集体所有的土地依法属于村农民集体所有的，由村集体经济组织或者村民委员会发包；已经分别属于村内两个以上农村集体经济组织的农民集体所有的，由村内各该农村集体经济组织或者村民小组发包。村集体经济组织或者村民委员会发包的，不得改变村内各集体经济组织农民集体所有的土地的所有权。国家所有依法由农民集体使用的农村土地，由使用该土地的农村集体经济组织、村民委员会或者村民小组发包。

问题 34. 承包方擅自改变土地用途或损害承包地，发包方可以解除承包合同吗？

【案例简介】

大槐树村村委会将本村 70 亩林地承包给本村村民李建国，双方签订了土地承包合同，约定承包期限为 30 年。而后，李建国未经村委会允许，私自在承包的林地上开垦梯田，致使大约 10 亩林地水土流失，对大槐树村的生态环境造成很大破坏。村委会多次劝阻李建国停止破坏林地的行为，李建国都不予理睬，反而宣称自己拥有林地的承包经营权，任何组织和个人无权干涉。

问题： 大槐树村村委会可以解除与李建国的土地承包经营合同吗？

【案例解答】

不可以，只能请求承包方停止侵害、赔偿损失，或者请乡镇政府、县林业主管部门介入。《农村土地承包法》第十四条规定："发包方享有下列权利：（一）发包本集体所有的或者国家所有依法由本集体使用的农村土地；（二）监督承包方依照承包合同约定的用途合理利用和保护土地；（三）制止承包方损害承包地和农业资源的行为；（四）法律、行政法规规定的其他权利。"由此可以将发包方的权利概括为发包权、监督权、制止权几项。其中，发包权是农民集体土地所有权处分权能的体现；监督权是督促按合同约定用途使用土地，禁止过度放牧、滥砍滥伐等行为；制止权是当承包方行为造成土地损坏和农业资源破坏时发包方有权依法制止。

应特别注意的是，为保障集体成员生存权的需要，法律对发包方的监督权和制止权有一定限制，只有在承包方交回承包地、因自然灾害严重毁损需要调整承包地等少数情形下才可以解除合同、收回承包地。《最高人民法院关于审理涉及土地承包纠纷案件适用法律问题的解释》第八条规定："承包方违反农村土地承包法第十七条规定，将承包地用于非农建设或者对承包地造成永久性损害，发包方请求承包方停止侵害、恢复原状或者赔偿损失的，应予支持。"即承包方违反约定用途和造成土地损害时，发包方只能请求停止侵害、恢复原状或者赔偿损失。

在本案中，李建国的行为属于非法开垦，但村委会不可以直接主张解除承包合同收回承包地。它可以采取一定的劝阻和制止行为，或者请求乡镇政府和县级林业主管部门责令李建国限期改正。

【背景知识】

发包方对土地承包经营权人和土地经营权人的制止权有所不同。《农村土地承包法》第六十四条规定："土地经营权人擅自改变土地的农业用途、弃耕抛荒连续两年以上、给土地造成严重损害或者严重破坏土地生态环境，承包方在合理期限内不解除土地经营权流转合同的，发包方有权要求终止土地经营权流转合同。土地经营权人对土地和土地生态环境造成的损害应当予以赔偿。"这表明，同样是擅自改变土地用途、给土地造成损害的行为，发包方出于生存权考虑不可以直接解除土地承包合同，但是可以解除土地经营权人的《土地经营权流转合同》。

【适用法律】

1.《农村土地承包法》第十四条和第六十四条：

第十四条 发包方享有下列权利：（一）发包本集体所有的或者国家所有依法由本集体使用的农村土地；（二）监督承包方依照承包合同约定的用途合理利用和保护土地；（三）制止承包方损害承包地和农业资源的行为；（四）法律、行政法规规定的其他权利。

第六十四条　土地经营权人擅自改变土地的农业用途、弃耕抛荒连续两年以上、给土地造成严重损害或者严重破坏土地生态环境，承包方在合理期限内不解除土地经营权流转合同的，发包方有权要求终止土地经营权流转合同。土地经营权人对土地和土地生态环境造成的损害应当予以赔偿。

2.《最高人民法院关于审理涉及农村土地承包纠纷案件适用法律问题的解释》第八条：

承包方违反《农村土地承包法》第十七条规定，将承包地用于非农建设或者对承包地造成永久性损害，发包方请求承包方停止侵害、恢复原状或者赔偿损失的，应予支持。

问题 35. 承包土地的权益在农户家庭成员间如何分配？

【案例简介】

老张家有 5 口人，分别是老张和贾兰夫妻俩、大儿子张大山、小儿子张小山和女儿张小花。由于大槐树村实施"增人不增地、减人不减地、三十年不变更"的土地承包方式，所以张小山和张小花成年后均未分到新的承包地，两人还是按各自耕作习惯使用原家庭承包地，各自享有收益。后来，老张去世，张大山变为新户主。2019 年因为政府修路，张大山长期使用的耕地中有 1 亩被征收，张大山领取了补偿安置款 8 万元。张大山认为被征收的耕地家庭内部已经决定由自己使用，所以补偿款应归自己所有；张小山和张小花则认为补偿款应该按家里现存 4 口人平均分配。

问题：承包地的征收补偿款应该如何分配？

【案例解答】

征收补偿款原则上应按照承包经营户家庭成员人数进行平均分割。

《农村土地承包法》第十六条规定："家庭承包的承包方是本集体经济组织的农户。农户内家庭成员依法平等享有承包土地的各项权益。"在承包期限内因土地被征收征用而由集体分配的各种补偿款项，原则上应在家庭成员间平均分配。

本案中，在老张家内部存在对承包地的分工使用，但是农户内部对承包地的分工使用不等同于对承包地征收补偿款的分配。该补偿款的分配应由农户内家庭成员集体决定。

另外，家庭成员去世不影响家庭承包。本案中户主老张去世，老张家作为农村家庭经营户依然是持续存在的，新的户主不需要再次签订土地承包合同。

【背景知识】

家庭承包的确切含义是特定土地的承包人限于同一家庭，承包人实际上是家庭内部的成年成员。根据《农村土地承包法》第五条规定，每个家庭成员享有独立的承包资格，也就是都有承包农村土地的资格。但是在具体行使承包资格时，不是由单个成员分别行使，而是由农户作为全体成员的代表具体行使。

此外，户主不是承包方，土地承包中的农户才是承包方。户主的去世和变更并不影响家庭承包的稳定性，不需要重新签订土地承包合同。

【适用法律】《农村土地承包法》第十六条：

第十六条　家庭承包的承包方是本集体经济组织的农户。农户内家庭成员依法平等享有承包土地的各项权益。

问题 36. 土地承包的法定程序有哪些？

【案例简介】

一轮承包期间，大槐树村老李对全村最肥沃的一块土地享有土地承包经营权，剩余期限还有 1 个月。老李为了继续获得该土地的土地承包经营权，和村民小组组长私下里签订了新的土地承包合同[①]，将老李对该土地

---

① 此案例中的"村民小组作为发包方"是为了写作要求而单独设计的，其他案例如无特别说明，大槐树村村委会为发包方。

的土地承包权延长了 10 年。晚饭时间，老李向儿子李建国提及此事，原想获得李建国的夸奖，哪知李建国脸色铁青，严肃地说道："土地承包经营权的获得是需要经过村民会议讨论的，你这样私下里和组长签订的土地承包合同是无效的。"老李不解道："土地承包合同是我看着组长亲自签的，哪会有什么问题？"

问题： 老李和其所在的村民小组组长私下里签订的土地承包合同是否具有法律效力？

【案例解答】

大槐树村老李和村民小组组长私下里签订的土地承包合同不具有法律效力，是无效的。

《农村土地承包法》第二十三条规定了土地承包合同自成立之日起生效，承包方自承包合同生效时取得土地承包经营权。具体到土地承包合同的成立，《农村土地承包法》第二十条规定了发包方和承包方在签订土地承包合同之前必须要履行的一系列程序，具体包括：本集体经济组织成员的村民会议选举产生承包工作小组；承包工作小组依照法律、法规的规定拟定并公布承包方案；依法召开本集体经济组织成员的村民会议；讨论通过承包方案、公开组织实施承包方案。该条系强制性规范，没有经过法定程序而签订的土地承包合同是不具有法律效力的，是无效的。

在本案中，老李和村民小组组长私下里签订的土地承包合同违反了《农村土地承包法》第二十条的强制性规范，所以老李和组长签订的土地承包合同无效。

【背景知识】

农村土地是农民安身立命的基础，是他们赖以生存的物质保障，所以土地承包合同的签订要遵循法律规定的程序，确保土地承包过程的公平和合理。《农村土地承包法》第二十条的基本内容的解读如下：

(1) 选举土地承包工作小组。土地承包工作小组的工作内容是对农村土地进行位置的明确和大小的测量以及土地承包方案的拟定等，是土地承包过程中最为基础也是最为烦琐的工作。另外，土地承包工作小组的确定要经由本集体经济组织成员的村民会议选举产生，一方面体现了土地承包工作中村民的意志，另一方面有助于土地承包过程的公平和合理。

（2）拟定并公布承包方案。土地承包方案是土地承包小组在《农村土地承包法》的基础之上拟定的，且不能违反其他法律、法规的规定。

（3）村民会议讨论通过承包方案。土地承包方案涉及农民个人的自身利益，应该由本集体经济组织的村民会议讨论通过，具体的表决要求可参照《农村土地承包法》第十九条的规定。

（4）公开组织实施承包方案。村民会议在通过土地承包方案之后，由土地承包工作小组按照土地承包方案的方法和要求将其具体落实到每一户农户中。

（5）签订承包合同。土地承包合同是发包人和承包人法律关系的凭证，自土地承包合同成立之日起生效，发包人和承包人都要受到土地承包合同的法律约束。

【适用法律】《农村土地承包法》第十九条、第二十条和第二十三条：

第十九条 土地承包应当遵循以下原则：（一）按照规定统一组织承包时，本集体经济组织成员依法平等地行使承包土地的权利，也可以自愿放弃承包土地的权利；（二）民主协商、公平合理；（三）承包方案应当依照本法第十三条的规定，依法经本集体经济组织成员的村民会议三分之二以上成员或者三分之二以上村民代表的同意；（四）承包程序合法。

第二十条 土地承包应当按照以下程序进行：（一）本集体经济组织成员的村民会议选举产生承包工作小组；（二）承包工作小组依照法律、法规的规定拟定并公布承包方案；（三）依法召开本集体经济组织成员的村民会议，讨论通过承包方案；（四）公开组织实施承包方案；（五）签订承包合同。

第二十三条 承包合同自成立之日起成效。承包方自承包合同生效时取得土地承包经营权。

问题 37. 承包合同一定要采取书面形式吗？承包合同一般包括哪些内容？

【案例简介】

老李在 1998 年通过村民大会和统一招标，承包了村里 10 亩果园，并且一直正常缴纳承包费。但是当时没有与发包方村民小组签订书面承包合同，导致果园的四至不明，无法修筑围墙。为此，老李近些年来雇人看守果园，花费 3 万余元。为弥补个人损失，老李向村民小组请求支付因为没有签订书面承包合同而导致的损失，村民小组拒绝赔付，并提供了一份自拟的书面合同，老李对该合同并不知情。

问题： 承包合同一定要采取书面形式吗？如果采用口头协议承包关系成立吗？本案中，村民小组提供的书面合同是否有效？承包合同一般包括哪些内容？

【案例解答】

承包合同应当采取书面形式，如果承包双方已经实际履行，且无争议，则口头协议承包关系也成立。本案中，由于书面合同由村民小组单方面提供，并未与老李就该合同的具体内容进行协商，老李对此合同并不知情，因此该合同不发生法律效力。

《农村土地承包法》第二十二条规定，发包方应当与承包方签订书面承包合同。相较于口头协议，书面形式的承包合同能够确定发包方与承包方之间的权利义务关系，有助于解决纠纷。为在发生纠纷后更好维护农户的合法权益和国家对农村土地承包的监管，法律对承包合同的形式作了强制性规定。

但在实践中，若双方已实际履行了合同，比如在本案中，双方没有签订书面合同，但是事实上一直在履行，则应当认为该口头协议也同样具有效力。但是，为了明确当事人权利义务关系，还是应当签订书面承包合同。根据《合同法》第三十六条规定，法律法规规定应当采用书面形式订立合同，当事人未采用书面形式但一方已经履行主要义务，对方接受的，合同成立，因此仍应确认承包双方事实上的承包关系。但为了避免发生纠纷后自身合法权益受到损害，还是应当签订书面形式的承包合同。

承包合同应当包括：（1）承包合同的双方当事人，一是明确发包方的名称和负责人姓名，即村集体经济组织或村委会和村民小组的名称及负责人姓名，二是承包方的名称和承包方代表姓名，即本集体经济组织的农户及代表姓名；（2）包括承包土地的名称、坐落、面积、质量等级，以具体确定承包土地面积、区划位置和质量等级；（3）包括承包期限和起止日期，以明确双方行使权利的起止期间；（4）承包土地的用途，以使承包方依照承包合同约定的用途合理利用和保护土地；（5）权利和义务，明确双方的法定权利义务及根据需要约定的、不违反法律法规的权利义务；（6）违约责任，明确违反承包合同义务时应当承担的违约责任等内容。[①]

本案中，老李和村民小组应当签订书面形式的承包合同，但老李与村民小组签订口头协议后双方实际上在履行，则仍然应当确认事实上的土地承包关系。承包合同应当包括双方当事人，承包土地的名称、坐落、面积、质量等级，承包期限和起止日期，土地用途，权利义务，违约责任等内容。

【背景知识】

《合同法》第十条规定，当事人订立合同有书面形式、口头形式和其他形式。一般而言，合同的具体形式由当事人自主决定，但为维护社会公共利益和监管的需要等，会对一些特殊的合同的形式有强制性规定。

【适用法律】

1.《农村土地承包法》第二十二条：

[①] 参见高圣平等：《〈中华人民共和国农村土地承包法〉条文理解与适用》，人民法院出版社2019年版，第104-105页。

第二十二条　发包方应当与承包方签订书面承包合同。

承包合同一般包括以下条款：（一）发包方、承包方的名称，发包方负责人和承包方代表的姓名、住所；（二）承包土地的名称、坐落、面积、质量等级；（三）承包期限和起止日期；（四）承包土地的用途；（五）发包方和承包方的权利和义务；（六）违约责任。

2.《合同法》第十条和第三十六条：

第十条　当事人订立合同，有书面形式、口头形式和其他形式。法律、行政法规规定采用书面形式的，应当采用书面形式。当事人约定采用书面形式的，应当采用书面形式。

第三十六条　法律、行政法规规定或者当事人约定采用书面形式订立合同，当事人未采用书面形式但一方已经履行主要义务，对方接受的，该合同成立。

问题 38. 在承包期内发包方有权调整承包地吗？

【案例简介】

大槐树村突遭泥石流，老李家后院 2 亩地几乎全被冲毁，老李家生活压力增大，老李便向村委会要求调整承包地。与老李家耕地相邻的另外一家认为老李家耕地被冲毁后不方便其出入，也想调整耕地。

问题：在承包期内，什么情况才能调整承包地？需要经过什么程序？

【案例解答】

为保持土地承包关系长久不变，赋予农民更有保障的土地承包经营权，在承包期内，原则上发包方不得调整承包地。但当出现自然灾害严重毁损承包地等特殊情形的，经法定程序后可适当调整承包地。根据《农村土地承包法》的规定，承包期内，发包方不得调整承包地，但因自然灾害严重毁损承包地等特殊情形要调整承包地，须经本集体经济组织成员的村民会议三分之二以上成员或者三分之二以上村民代表的同意，并报乡（镇）人民政府和县级人民政府农业农村、林业和草原等主管部门批准。

在本案中，老李可以以承包地因自然灾害遭受严重毁损为由请求发包方大槐树村村委会调整承包地。调整承包地经本集体经济组织成员的村民会议三分之二以上成员或三分之二以上村民代表同意后，报白坡乡人民政府及所属县人民政府农业农村主管部门批准。但是，只是因不方便出入而要求调整承包地的请求缺乏法律依据。

【适用法律】《农村土地承包法》第二十八条：

第二十八条 承包期内，发包方不得调整承包地。

承包期内，因自然灾害严重毁损承包地等特殊情形对个别农户之间承包的耕地和草地需要适当调整的，必须经本集体经济组织成员的村民会议三分之二以上成员或者三分之二以上村民代表的同意，并报乡（镇）人民政府和县级人民政府农业农村、林业和草原等主管部门批准。承包合同中约定不得调整的，按照其约定。

三、机动地问题

问题 39. 农村集体经济组织有权保留机动地吗？

【案例简介】

2006 年，小刘与东洼村村委会签订土地承包经营权流转合同，合同中约定：将其承包的 21 亩土地以每年每亩 900 元的价格流转给东洼村村委会，流转期限为 2006 年 11 月 1 日起至 2020 年 10 月 31 日止。小刘只收到了东洼村村委会发放的前 3 年的土地流转费，之后 2009—2016 年东洼村村委会都没有再向小刘支付土地流转款项。于是，小刘将东洼村村委会告上法庭，要求其支付尚未支付的土地流转费。东洼村村委会说与小刘签订的合同中涉及的承包地实际上在 2009 年起就已经被视为该村村集体机动地了，因此不应支付剩余的土地流转费。

问题：东洼村可以将该承包地视为村集体机动地吗？村委会要向小刘

支付流转费吗?

【案例解答】

东洼村不能将该承包地视为村集体机动地,村委会应向小刘支付流转费。

依据《农村土地承包法》第六十七条规定,对于本法实施以前已经预留机动地的,首先限制机动地的面积不能超过本集体经济组织耕地面积的5%;其次,如果预留的机动地面积没有超过5%,那么就不允许再增加机动地。对于本法实施之前没有预留机动地的,就不能再预留机动地。

在本案中,2006年小刘与东洼村村委会签订土地承包经营权流转合同。在依据《农村土地承包法》第六十七条的规定,东洼村村委会将小刘承包的21亩土地从2009年开始视为机动地是违反规定的,其应当支付给小刘2009—2016年的土地流转费。

【背景知识】

集体经济组织依法预留的机动地应当用于调整承包土地或者承包给新增人口。预留机动地的制度初衷是为了化解因人口变化、自然灾害、征用占用土地等情形所导致的人地矛盾问题,避免经常调整承包地。但在第一轮承包过程中,部分地方存在机动地预留面积过大,少数村干部利用机动地谋取私利损害农民权益等问题。所以在第二轮承包时,中央发布多个政策文件强调严格控制机动地的获得。例如,1997年8月27日《中共中央办公厅国务院办公厅关于进一步稳定和完善农村土地承包关系的通知》(中办发〔1997〕16号)规定"严格控制和管理'机动地'""在延长土地承包期的过程中,一些地方为了增加乡、村集体收入,随意扩大'机动地'的比例,损害了农民群众的利益。因此,对预留'机动地'必须严格控制。目前尚未留有'机动地'的地方,原则上都不应留'机动地'。今后解决人地关系的矛盾,可按'大稳定、小调整'的原则在农户之间进行个别调整。目前已留有'机动地'的地方,必须将'机动地'严格控制在耕地总面积5％的限额之内，并严格用于解决人地矛盾，超过的部分应按公平合理的原则分包到户。"1998年6月3日《中共中央办公厅国务院办公厅关于做好当前农业和农村工作的通知（中办发〔1998〕13号）规定："坚决纠正随意缩短承包期、超标准留机动地和高价发包土地等问题，不折不扣地把中央政策落到实处。"1998年10月14日中共中央关于农业和农村工作若干重大问题的决定》指出，"对于违背政策缩短土地承包期、收回承包地、多留机动地、提高承包费等错误做法，必须坚决纠正"。

【适用法律】

1.《农村土地承包法》第六十七条：

第六十七条　本法实施前已经预留机动地的，机动地面积不得超过本集体经济组织耕地总面积的百分之五。不足百分之五的，不得再增加机动地。

本法实施前未留机动地的，本法实施后不得再留机动地。

2.《中共中央办、公厅国务院办公厅关于进一步稳定和完善农村土地承包关系的通知》（中办发〔1997〕16号）：

严格控制和管理"机动地"。在延长土地承包期的过程中，一些地方为了增加乡、村集体收入，随意扩大"机动地"的比例，损害了农民群众的利益。因此，对预留"机动地"必须严格控制。目前尚未留有"机动地"的地方，原则上都不应留"机动地"。今后解决人地关系的矛盾，可按"大稳定、小调整"的原则在农户之间进行个别调整。目前已留有"机动地"的地方，必须将"机动地"严格控制在耕地总面积5％的限额之内，并严格用于解决人地矛盾，超过的部分应按公平合理的原则分包到户。

3.《物权法》第六十条和第一百二十七条：

第六十条　对于集体所有的土地和森林、山岭、草原、荒地、滩涂等，依照下列规定行使所有权：

（一）属于村农民集体所有的，由村集体经济组织或者村民委员会代表集体行使所有权；

（二）分别属于村内两个以上农民集体所有的，由村内各该集体经济组织或者村民小组代表集体行使所有权；

（三）属于乡镇农民集体所有的，由乡镇集体经济组织代表集体行使所有权。

第一百二十七条　土地承包经营权自土地承包经营权合同生效时设立。

县级以上地方人民政府应当向土地承包经营权人发放土地承包经营权证、林权证、草原使用权证，并登记造册，确认土地承包经营权。

4.《民法总则》第一百五十三条：

第一百五十三条　违反法律、行政法规的强制性规定的民事法律行为无效，但是该强制性规定不导致该民事法律行为无效的除外。

违背公序良俗的民事法律行为无效。

第二章 土地流转关系

第一节 受让方的权利

一、土地经营权人的资格

问题 40. 土地经营权的流转期限有限制吗？

【案例简介】

李建国和东方红农业有限责任公司在 2019 年 6 月 1 日签订《土地经营权出租合同》，租赁期限为 2019 年 8 月 1 日至 2029 年 7 月 31 日。东方红公司一次性支付了 10 年的租金。公司法务人员审查这份合同时，通过对比李建国的《土地承包经营权证》发现，其承包期限为 1998 年 10 月 1 日至 2028 年 9 月 30 日。法务人员询问了李建国和公司主管小刘，他们都一致同意《土地经营权出租合同》中关于流转期限的约定，双方对此没有任何异议。他们认为这是合同，只要双方都同意就可以了，而且承包期到期之后也会续期的。

问题：小刘和李建国关于土地经营权流转期限的说法正确吗？法律对于土地经营权的流转期限有限制吗？

【案例解答】

小刘和李建国关于土地经营权流转期限的说法是不对的。法律对于土地经营权的流转期限是有限制的，即土地经营权的流转期限不得超过剩余的承包期限。

根据《农村土地承包法》的规定，土地经营权的流转期限不得超过承包期的剩余期限。本案中，李建国家的承包地的承包期限是 1998 年 10 月 1 日至 2028 年 9 月 30 日，但是李建国与东方红农业有限责任公司之间签订的《土地经营权出租合同》却把出租的期限定为 2019 年 8 月 1 日至 2029 年 7 月 31 日，这一约定已经超过了承包地剩余的承包期限。既然法律已经对土地经营权的流转期限作出了限制，当事人就要遵守法律的规定，不能违反依法流转原则。

【适用法律】《农村土地承包法》第三十八条和第四十条：

第三十八条　土地经营权流转应当遵循以下原则：

（一）依法、自愿、有偿，任何组织和个人不得强迫或者阻碍土地经营权流转；

（二）不得改变土地所有权的性质和土地的农业用途，不得破坏农业综合生产能力和农业生态环境；

（三）流转期限不得超过承包期的剩余期限；

（四）受让方须有农业经营能力或者资质；

（五）在同等条件下，本集体经济组织成员享有优先权。

第四十条　土地经营权流转，当事人双方应当签订书面流转合同。

土地经营权流转合同一般包括以下条款：

（一）双方当事人的姓名、住所；

（二）流转土地的名称、坐落、面积、质量等级；

（三）流转期限和起止日期；

（四）流转土地的用途；

（五）双方当事人的权利和义务；

（六）流转价款及支付方式；

（七）土地被依法征收、征用、占用时有关补偿费的归属；

（八）违约责任。承包方将土地交由他人代耕不超过一年的，可以不签订书面合同。

问题41. 对土地经营权流转受让方的资格有什么要求?

【案例简介】

李建国准备把一些承包地出租给东方红农业有限责任公司，大槐树村的一些村民也有此意。东方红农业有限责任公司承诺租金按年支付，续租事宜也要再和村民商议决定。正在大家准备签订《土地经营权出租合同》的时候，县里来了一家中介公司。这家中介公司向村民承诺，只要把土地经营权出租给它，村民可以一次性得到所有的租金，而且也不用担心后续的续期以及其他任何问题。考虑到这家中介公司提供的条件，不少常年外出务工的农户心动了，想与这家中介公司签订《土地经营权出租合同》。这时，东方红农业有限责任公司的法定代表人小刘提醒村民说："这家中介公司没有农业经营资质，不能受让土地经营权，提醒大家不要上当受骗。"

问题：对土地经营权流转的受让方资格有要求吗？有什么要求？

【案例解答】

法律对土地经营权流转的受让方资格有要求。要求受让方必须具有农业经营能力或者资质。中介公司不具备农业经营能力，也没有农业经营资质。

根据《农村土地承包法》的规定，在土地经营权的流转中，受让方必须要具备农业经营能力或者资质，为充分保障农民的土地权益，县级以上地方人民政府应当建立工商企业等社会资本通过流转取得土地经营权的资格审查、项目审核和风险防范制度。本案中，东方红农业有限责任公司具备农业经营资质，可以作为适格的土地经营权受让主体。但是中介公司并不具有农业经营资质。

【适用法律】《农村土地承包法》第三十八条和第四十五条：

第三十八条　土地经营权流转应当遵循以下原则：

(一) 依法、自愿、有偿，任何组织和个人不得强迫或者阻碍土地经

营权流转;

(二)不得改变土地所有权的性质和土地的农业用途,不得破坏农业综合生产能力和农业生态环境;

(三)流转期限不得超过承包期的剩余期限;

(四)受让方须有农业经营能力或者资质;

(五)在同等条件下,本集体经济组织成员享有优先权。

第四十五条　县级以上地方人民政府应当建立工商企业等社会资本通过流转取得土地经营权的资格审查、项目审核和风险防范制度。

工商企业等社会资本通过流转取得土地经营权的,本集体经济组织可以收取适量管理费用。

具体办法由国务院农业农村、林业和草原主管部门规定。

二、选择流转方式的权利

问题 42. 土地经营权流转的方式有哪些?

【案例简介】

小刘是东洼村人,年轻力壮,是四里八乡的种植大户。得益于国家的惠农政策,小刘购买了植保无人机、免耕机等农业种植专业设备。东洼村的大部分农用地都由小刘组织耕种,收益也比之前分户耕种更高,一亩地每年多收 200 多元,小刘在自己受益的同时,也提高了乡亲们的收益。小刘现在想扩大自己的耕地范围,以便开展大规模的机械化经营。大槐树村老李家的承包地挨着小刘现在耕种的农地,老李年龄大了,子女外出打工,家里的地他自己一个人也种不过来。看着小刘大规模经营的效益很好,包括老李在内的一些大槐树村村民也想把自己家的一些承包地租给小刘来种。关于出租承包地的事情,他们现在遇到了一些问题。

问题:他们是否可以向外村人流转承包地?如果可以流转的话,依照法律规定,自己流转的是什么权利?可以采用哪些方式流转?

【案例解答】

大槐树村村民可以向小刘流转承包地。依照法律规定，流转的是土地经营权。土地经营权流转可以采用出租（转包）、入股或者其他方式，但需要向村委会（发包方）备案。

根据《农村土地承包法》的规定，农户享有流转承包地的土地经营权的权利，可以自主决定流转的方式，而且其流转的方式包括但不限于出租（转包）、入股。关于流转的方式，要充分尊重农户的意愿，农户可以选择出租的方式，也可以选择其他方式。如何进行流转是农户的自由，村委会（发包方）无权干涉，农户只需要备案即可。

在本案中，大槐树村的村民可以把承包地出租给小刘，但是大槐树村村民出租给小刘的是承包地的土地经营权。农民流转土地经营权，不丧失承包方的身份。

【适用法律】《农村土地承包法》第三十六条：

第三十六条　承包方可以自主决定依法采取出租（转包）、入股或者其他方式向他人流转土地经营权，并向发包方备案。

三、本集体经济组织成员优先权问题

问题 43. 在土地经营权流转中，本集体经济组织成员可以优先获得土地经营权吗？

【案例简介】

大槐树村的一些村民把土地经营权流转给了东方红农业有限责任公司，签订了 5 年的合同，现在合同到期了，双方正在商议续租事宜。

这 5 年里，农作物收成很好，东方红农业有限责任公司收益颇丰，老李很是羡慕，便鼓励儿子李建国筹集资金注册成立农业公司。经过深思熟虑之后，李建国成功注册了公司，并准备与本村村民签订《土地经营权流转合同》。在支付方式上，李建国的公司提出按年支付，而东方红农业有限责任公司提出按半年支付，除此之外，它提出的条件和东方红农业有限责任公司提供的条件是一样的。李建国认为自己是村里人，这是村里的公司，而东方红农业有限责任公司的法人代表小刘是外村人，他的公司属于外村的公司，而且流转价格也一样，进而认为自己的公司享有土地流转优先权。

问题： 李建国的公司在土地经营权流转中享有优先权吗？假设在同等条件下，老李、李建国、小刘、李建国的公司、东方红农业有限责任公司中，谁享有土地流转优先权？取得优先权的条件是什么？

【案例解答】

李建国的公司在土地经营权流转中不享有土地流转优先权。在同等的条件下，老李、李建国、小刘、李建国的公司、东方红农业有限责任公司中，只有老李和李建国享有优先权。取得优先权应同时满足两个条件：一是主体为本集体经济组织成员；二是条件相同。

根据《农村土地承包法》第三十八条第五款规定，在同等条件下，本集体经济组织成员享有优先权。该条文可以理解为，享有优先权的主体仅限于本集体经济组织成员，而且还要求同等的条件。

本案中，首先，需要明确一个概念，公司和公司的法定代表人不是同一个主体。李建国是自然人，他的公司是法人，此二者属于相互独立的两个主体；其次，集体经济组织成员不能是法人，因此，东方红农业有限责任公司和李建国的公司都不具备享有优先权的资格；再次，行使优先权的要求是同等条件，李建国的公司提供的条件中，虽然流转价格是一样的，但是支付方式不同，而且按年支付的方式明显不如按半年支付的方式好，进而也不构成同等条件；最后，在同等条件下，如果李建国个人或者老李个人提出受让本村土地经营权的要求，那么相比于东方红农业有限责任公司，李建国或者老李就可以主张行使优先权。

【背景知识】

关于土地经营权流转中的优先权问题。法律要求优先权的行使主体为本集体经济组织成员，而且要求在同等条件的情况下。关于集体经济组织成员身份的确认，现在还没有统一的法律法规，各地根据地方的实际情况出台了一些规定，比如《浙江省经济合作社组织条例》《广东省农村集体经济组织管理规定》等。关于同等条件的认定，要根据流转期限、流转价格、支付方式以及其他条件等因素综合认定，不能仅仅认为流转价格相同就属于同等条件。

【适用法律】

《农村土地承包法》第三十八条和第六十九条：

第三十八条　土地经营权流转应当遵循以下原则：

（一）依法、自愿、有偿，任何组织和个人不得强迫或者阻碍土地经营权流转；

（二）不得改变土地所有权的性质和土地的农业用途，不得破坏农业综合生产能力和农业生态环境；

（三）流转期限不得超过承包期的剩余期限；

（四）受让方须有农业经营能力或者资质；

（五）在同等条件下，本集体经济组织成员享有优先权。

第六十九条　确认农村集体经济组织成员身份的原则、程序等，由法律、法规规定。

四、自主生产经营的权利

问题 44. 发包方或者承包方有权干涉土地经营权人的生产经营吗？

【案例简介】

小刘通过承租的方式，取得了大槐树村 50 亩耕地的土地经营权。小刘与村民签订的《土地经营权出租合同》约定：租期为 10 年；每年租金为 1 000 斤①小麦或者 1 000 斤玉米的当年收购价，以价高者计算。

---

　　① 斤为非法定计量单位，1 斤＝500 克。——编者注

在取得烟叶种植许可后，小刘对这 50 亩地进行了大规模的机械化经营。当年烟叶行情不错，小刘种植的烟草在第一年就大获丰收，烟叶卖了个好价钱。但是由于前期成本投入很大，实际上小刘并没有赚到钱。

大槐树村决定在大槐树村种植油菜，发展观光农业项目。小刘种植的烟叶并不符合大槐树村的整体规划，村委会和村民一致要求小刘改种油菜，放弃现在种植的烟草。如果小刘不改变种植的作物，村委会和村民要求租金在原先的基础上增加 10%。

问题： 村委会和村民是否可以指定小刘种植的作物种类？村委会和村民是否有权要求增加租赁费用？小刘可以主张什么权利？

【案例解答】

村委会（发包方）和村民无权指定小刘种植的作物种类。村委会（发包方）和村民在没有和小刘进行协商并达成合意的情况下，没有权利要求增加租赁费用。小刘可以主张生产经营自主权，村委会（发包方）和村民无权干预其合法的农业生产经营活动。

根据《农村土地承包法》的规定，土地经营权人，也就是通过流转取得土地经营权的人，在合同约定的流转期内，有权利占有土地，自主开展农业生产经营活动，并获得收益。

在本案中，小刘依法享有生产经营自主权，可以依法自主决定如何开展农业生产经营活动。在取得相关种植许可的情况下，小刘可以自主决定种植烟叶，任何组织和个人无权干涉。关于租金，大槐树村民和小刘之间是平等的民事主体关系，合同已经约定了租金的计算方式。小刘只要按照合同约定支付相应租金并履行其他合同约定义务即可，任何一方都无权单方要求增加或者减少租金。因此，大槐树村村民和村委会（发包方）没有权利单方面要求小刘增加租金，当然小刘也没有权利单方面决定减少租金。

【适用法律】《农村土地承包法》第三十七条：

第三十七条　土地经营权人有权在合同约定的期限内占有农村土地，

自主开展农业生产经营并取得收益。

问题45. 承包方有权单方解除土地经营权流转合同吗?

【案例简介】

2019年，东方红农业有限责任公司通过土地经营权流转的方式合法占有了大槐树村大量的土地，并在这些土地上开展大规模的机械化种植。其中，东方红农业有限责任公司与老李家签订了《土地经营权出租合同》，租期是三年。

由于老李家的承包地不仅远离马路，而且离其他承包地也比较远，单独种植作物的成本较高；除此之外，东方红农业有限公司得知大槐树村计划在2020年修路，届时将会改善老李家承包地的交通状况。因此，出于对成本的考虑，东方红农业有限公司在老李家承包地的交通状况改善之前，不会对其予以开发使用。虽然东方红农业有限责任公司没有开发使用老李家的承包地，但从未拖欠过老李家的租金。

2020年，由于大槐树村仍未有任何修路的举措，东方红农业有限责任公司决定继续闲置老李家的承包地。老李担心如果东方红农业有限公司一直没有开发使用这块承包地，三年之后这块地可能会因板结、肥力下降而需要再次开垦，给自己带来额外成本。

问题： 如果东方红农业有限公司弃耕抛荒已达一年，老李作为承包方，是否可以单方解除《土地经营权出租合同》？承包方在何种情形下可以单方解除合同？

【案例解答】

根据《农村土地承包法》第四十二条规定，承包方在下列情形下可以单方解除合同：第一，土地经营权受让人擅自改变土地的农业用途；第二，弃耕抛荒连续两年以上；第三，给土地造成严重损害或者严重破坏土地生态环境；第四，其他严重违约行为。其中第二项明确规定了土地经营权受让方存在弃耕抛荒连续两年以上的情形时，承包方可以单方解除土地经营权流转合同。

流转土地经营权的目的是为了促进土地资源的高效利用，而连续弃耕抛荒不仅是对土地资源的浪费，同时也会降低土地的肥力，不利于后续的耕作。《农村土地承包法》赋予承包方单方解除权，可以及时保护承包方合法享有的土地利益，更好地实现土地经营权流转的社会价值。但是，并非企业任何不开发使用承包地的行为都会触发承包方的单方解除权，例如，短期的休耕行为是被允许的，因为短期的休耕有利于农业用地恢复能力，确保可持续耕种。《农村土地承包法》在衡量承包方和土地经营权受让方的利益之后，设置了"弃耕抛荒连续两年以上"的标准。

本案中，虽然东方红农业有限责任公司已经连续一年没有开发利用老李家的承包地，但并不符合法条中"连续两年以上"的要求。因此，老李不能单方解除其与东方红农业有限公司之间的《土地经营权出租合同》，仍应继续履行合同。

【背景知识】

1. 解除权的行使。解除有两种类型，第一种是意定解除，第二种是法定解除。意定解除是双方的法律行为，一方的行为不能导致合同解除；而法定解除是法律直接规定解除合同的条件，当条件具备时，解除权人可直接行使解除权。[①]

《农村土地承包法》第四十二条规定的是合同的法定解除，列举了承包方可以单方解除合同的各种情形。实践中要如何行使解除权呢？根据《合同法》第九十六条规定，承包方行使解除权时，可以直接通知土地经营权人，通知到达土地经营权人时合同解除。如果双方对合同解除有异议，可以向人民法院或仲裁机构申请确认解除合同的效力。

---

① 参见杜涛主编：《中华人民共和国农村土地承包法解读》，中国法制出版社 2019 年版，第 248 页。

2. 对"其他严重违约行为"的理解。《农村土地承包法》第四十二条第四项规定了"其他严重违约行为"。作为兜底条款，"其他严重违约行为"并不是指所有的违约行为，根据体系解释的方法，"其他严重违约行为"是指严重程度至少要和前三项所列情形具有相当性的违约行为。另外，对"严重违约行为"的具体认定要在个案中进行。

【适用法律】

1.《农村土地承包法》第四十二条：

第四十二条　承包方不得单方解除土地经营权流转合同，但受让方有下列情形之一的除外：

（一）擅自改变土地的农业用途；

（二）弃耕抛荒连续两年以上；

（三）给土地造成严重损害或者严重破坏土地生态环境；

（四）其他严重违约行为。

2.《合同法》第九十六条：

第九十六条　当事人一方依照本法第九十三条第二款、第九十四条的规定主张解除合同的，应当通知对方。合同自通知到达对方时解除。对方有异议的，可以请求人民法院或者仲裁机构确认解除合同的效力。

法律、行政法规规定解除合同应当办理批准、登记等手续的，依照其规定。

五、协商确定价格的权利

问题 46. 土地经营权流转的价款由谁来确定？流转收益归谁所有？

【案例简介】

白坡乡政府为了给村民流转土地经营权提供指导，在借鉴其他地区流转土地经营权的实践经验后，制定了《白坡乡土地经营权流转价格指南》（以下称"《价格指南》"），规定了全乡范围内土地经营权流转的价款。

李建国想把自家挨着"村村通"公路的两亩承包地流转给小刘，但是二人对流转的价款产生了分歧。根据《价格指南》，每亩地的流转价款为1 000斤小麦或者玉米的当年市场价，择高者为最终价款。李建国认为自家的地挨着马路，耕种和收割都很方便，想将价款提高到1 200斤小麦或者玉米的当年市场价。小刘则认为每亩地1 000斤小麦或者玉米的当年市场价是政府公布的"指导价"，应当按照政府"指导价"来确定土地经营权流转的价款，而且其他村民也都是按照政府"指导价"来确定流转的价款。二人公说公有理，婆说婆有理，谁也说服不了谁。于是，二人便去白坡乡政府解决价款纠纷。白坡乡政府认为价款的确定应当依照政府"指导价"，并同时告知二人，对于土地经营权流转的价款，乡政府可以抽取价款的10％作为"信息服务费"。

问题：土地经营权流转的价款由何者确定？收益归何者所有？

【案例解答】

根据《农村土地承包法》第三十九条，土地经营权流转的价款应当由双方当事人协商确定，流转的收益归承包方所有，任何组织和个人不得擅自截留、扣缴。

土地经营权流转合同的本质是合同，应遵循契约自由原则。具体表现为，土地经营权流转价款的确定要充分尊重双方当事人的意愿，由承包方和土地经营权受让方自行协商决定，而任何第三方不得进行非法干预，也不存在所谓的政府定价或者指导价。

本案中，《价格指南》只能作为参考，而不是政府"指导价"。对于李建国和小刘而言，土地经营权流转的价款不需要完全按照《价格指南》的规定确定，而应由双方当事人在综合考量承包地的实际情况等因素后再确定流转价款。除此之外，土地经营权的流转是承包方行使权利的具体体现，取得的收益都应归承包方所有。白坡乡政府以收取"信息服务费"的名义对土地经营权流转收益进行截留是违法的。

【背景知识】

价格的分类。根据《价格法》第三条的规定，价格有三种类型，分别是市场调节价、政府指导价和政府定价。市场调节价，是指由经营者自主制定，通过市场竞争形成的价格；政府指导价，是指由政府价格主管部门或者其他有关部门，按照定价权限和范围规定基准价及其浮动幅度，指导经营者制定的价格；政府定价，是指由政府价格主管部门或者其他有关部门，按照定价权限和范围制定的价格。在这三种价格中，市场调节价体现了市场竞争机制在价格形成过程中的决定性作用，政府指导价和政府定价反映了政府对价格形成的干预。在市场经济体制下，市场在资源配置过程中应起决定性的作用。价格作为市场配置资源的方式，能够通过价格的涨落来反映供求关系的变化，进而实现市场对资源的配置。因此，价格的形成应由市场来决定，才能够反映出真实的供求关系，实现有效率的资源配置。实践中，大多数商品和服务价格实行市场调节价，极少数商品和服务价格实行政府指导价和政府定价。

【适用法律】《农村土地承包法》第三十九条：

第三十九条　土地经营权流转的价款，应当由当事人双方协商确定。流转的收益归承包方所有，任何组织和个人不得擅自截留、扣缴。

六、申请登记的权利

问题 47. 土地经营权必须要通过登记取得吗?

【案例简介】

李建国与东方红农业有限责任公司签订了《土地经营权出租合同》，并办理了土地经营权登记。在此之前，李建国就同一块承包地和城里的甲农业公司（以下称"甲公司"）签订了《土地经营权出租合同》，但并未办理土地经营权登记，而东方红农业有限责任公司对此事毫不知情。现在甲公司和东方红农业有限责任公司就这一块承包地的土地经营权权属产生了纠纷。

问题：该土地经营权到底归何者所有？土地经营权必须要登记才能取得吗？如何登记？如果不登记会有什么不利后果？

【案例解答】

根据《农村土地承包法》第四十一条规定，土地经营权流转期限在五年以上的，当事人可以向登记机构申请土地经营权登记。未经登记的不得对抗善意第三人。从条文中可知，土地经营权的登记并不是获得土地经营权的必需要件，而是一个自愿的行为。如果不登记的话，不能对抗善意第三人。

本案中，甲公司和李建国签订合同在前，但没有进行土地经营权登记。东方红农业有限责任公司和李建国签订合同在后，已经进行了土地经营权登记。因为东方红农业有限责任公司并不知道甲公司和李建国之间就同一块承包地曾经签订过《土地经营权出租合同》，属于《农村土地承包法》第四十一条的"善意第三人"。因此，东方红农业有限公司是土地经营权的权利人，而非甲公司。

对甲公司而言，法律要如何保障甲公司的利益？甲公司虽然不能取得李建国承包地的土地经营权，但是可以根据《合同法》的相关规定向李建国主张合同违约，要求其承担违约责任。

【背景知识】

何为善意第三人？

"善意第三人"可以从两个角度进行理解："第三人"和"善意"。首先，"第三人"主要指的是合同关系以外的人，比如甲乙签订了合同，那么甲乙之外的其他所有人都是此处所言的"第三人"。其次，"善意"指的是"不知情"，具体指对上述合同的存在、内容等不知情（与合同成立前后无关）。为维护交易的安全和便利，善意第三人通常会受到法律的保护。具体到农村土地经营权的流转，未经登记，则农村土地经营权的流转就不能对抗善意第三人。

登记起到公示的作用，一旦经过登记，就推定所有人都已经知道了，那么也就不存在"善意"的情况了，进而也就不存在善意第三人了。

【适用法律】《农村土地承包法》第四十一条：

第四十一条　土地经营权流转期限为五年以上的，当事人可以向登记机构申请土地经营权登记。未经登记，不得对抗善意第三人。

七、获得补偿的权利

问题 48. 土地经营权人有权投资改良土壤、建设农业生产附属、配套设施吗？

【案例简介】

李建国家的 10 亩承包地出租给了东方红农业有限责任公司。东方红农业有限责任公司为了适应市场需要，推进蔬菜水果种植产业的发展，投入了大量资金改善土壤、修建温室大棚，并种植了苹果树，以上行为都经过了包括李建国在内相关农户的同意。李建国和东方红农业有限责任公司签订了《土地经营权出租合同》，约定如果土地被征收，东方红农业有限责任公司可以获得关于改良土壤、建设农业生产附属、配套设施投资的补偿。

3 年后，市里下发通知，李建国家的两亩承包地在征收范围内。按照征地补偿标准，盛果期果树每株补偿 280～520 元。东方红农业有限责任公司主张按照每株 400 元的标准，再加上改善土壤和建造温室大棚的费用，其应当获得 7 万元的补偿。李建国认为东方红农业有限公司可以把果树砍掉，不同意补偿果树费用，而且认为改善土壤的费用属于公司开展业务必须承担的成本，也不同意补偿改善土壤的费用。关于拆掉温室大棚的补偿，李建国同意交给东方红农业有限责任公司。

问题： 土地经营权人有权投资改良土壤，建设农业生产附属、配套设施吗？其投资部分可以获得补偿吗？

【案例解答】

根据《农村土地承包法》第四十三条，土地经营权人必须经过承包方的同意，才可以建设农业生产附属、配套设施；其投资部分可以按照合同约定获得合理补偿。从法条中可以看出，没有经过承包方同意就进行相关投资是法律不允许的行为；关于投资部分的补偿事宜可以由双方当事人在合同中约定。

本案中，东方红农业有限责任公司投资改良土壤和建造大棚的行为已经取得李建国的同意。至于投资部分的补偿事宜，既然李建国与东方红农业有限责任公司在《土地经营权出租合同》中已经作了明确的约定，双方就应该按照合同来确定相应的补偿款。对于果树的补偿属于对所有权人的补偿，东方红农业公司有权获得该部分的补偿。

【适用法律】《农村土地承包法》第四十三条：

第四十三条 经承包方同意，受让方可以依法投资改良土壤，建设农业生产附属、配套设施，并按照合同约定对其投资部分获得合理补偿。

八、再次流转土地经营权的权利

问题 49. 流转取得的土地经营权可以再次流转吗？

【案例简介】

老张与老李签订了《土地经营权出租合同》，老李取得了土地经营权，租期 10 年，而且合同约定老李可以再次流转土地经营权。后来东方红农业有限责任公司高价承租农用地，老李便与东方红农业有限责任公司又签订了一份《土地经营权出租合同》，合同约定的价格比之前与老张约定的价格高出不少。因此老张心有不满。

通过咨询，老张得知再次流转土地经营权不仅需要承包方同意，还需要向本集体经济组织备案。老张认为老李转租土地经营权的行为没有向大槐树村集体经济组织备案，因此其与东方红农业有限责任公司签订的《土地经营权出租合同》无效。

问题： 流转取得的土地经营权可以再次流转吗？没有向本集体经济组织备案的话，再次流转土地经营权的行为是否有效？没有取得承包方书面同意的话，再次流转土地经营权的行为是否有效？

【案例解答】

通过流转取得的土地经营权可以再次流转。没有向本集体经济组织备案的话，只要得到了承包方的书面同意，再次流转土地经营权的行为有效。但是如果没有取得承包方书面同意，再次流转土地经营权的行为无效。

根据《农村土地承包法》的规定，经过承包方的书面同意，并且向本集体经济组织备案，受让方才可以再次流转土地经营权。

承包方的书面同意既可以是承包方在土地经营权人再次流转土地经营权时单独出具的书面同意条件，也可以是承包方在土地经营权流转合同中的事先同意，还可以是承包方在土地经营权再流转合同中作为当事人的签章，或在该合同上明确表示同意。[①]

本案中，首先，老李已经通过合同获得了争议上地的土地经营权。老李依法享有再次流转土地经营权的权利；其次，在老张与老李的合同中约定了老张同意老李再次流转土地经营权，因此，老李已经取得了老张的书面同意；再次，老李与东方红农业有限责任公司之间的合同虽然没有向大槐树村集体经济组织备案，但备案并不是合同有效的条件。总之，老李与东方红农业有限责任公司签订的《土地经营权出租合同》是有效的。

【适用法律】《农村土地承包法》第四十六条：

第四十六条　经承包方书面同意，并向本集体经济组织备案，受让方

---

① 参见高圣平等：《〈中华人民共和国农村土地承包法〉条文理解与适用》，人民法院出版社2019年版，第302页。

可以再流转土地经营权。

九、融资担保的权利

问题 50. 土地经营权人可以用土地作担保向银行借款吗?

【案例简介】

东方红农业有限责任公司通过承租取得了大约 200 亩农用地的土地经营权，公司进行规划后决定将这 200 亩农用地用于苹果树的种植。由于后期的育种、种植、农药化肥等需要的资金很多，东方红农业有限责任公司准备以 200 亩地的土地经营权作担保，向白坡乡农村信用社融资以获得发展生产的资金。

问题：流转获得的土地经营权是否可以作为担保向银行借款？如果可以的话，是否需要承包方的同意？

【案例解答】

流转获得的土地经营权可以作为担保向银行借款。使用土地经营权作为担保向银行借款的，需要得到承包方的书面同意，而且需要向发包方备案。

根据《农村土地承包法》的规定，受让方通过流转取得的土地经营权，经承包方书面同意并向发包方备案，可以向金融机构融资担保。

本案中，东方红农业有限责任公司通过流转取得了土地经营权，为了满足其融资的需求，东方红农业有限责任公司可以用土地经营权向白坡乡农村信用社申请融资担保。但是，东方红农业有限责任公司需要得到承包方的书面同意以及向发包方备案之后才可以进行融资担保。

【适用法律】《农村土地承包法》第四十七条：

第四十七条　承包方可以用承包地的土地经营权向金融机构融资担保，并向发包方备案。受让方通过流转取得的土地经营权，经承包方书面同意并向发包方备案，可以向金融机构融资担保。

担保物权自融资担保合同生效时设立。当事人可以向登记机构申请登记；未经登记，不得对抗善意第三人。

实现担保物权时，担保物权人有权就土地经营权优先受偿。

土地经营权融资担保办法由国务院有关部门规定。

第二节　土地流转其他问题

问题 51. 流转土地经营权一定要签订书面合同吗？

【案例简介】

张大山想外出打工，通过小刘找到了东方红农业有限责任公司的专门负责人，想把自己的两亩地租出去。双方约定的租期是两年。签订《土地经营权出租合同》时，双方发生了分歧。东方红农业有限责任公司坚持要签订书面合同，张大山觉得有小刘当见证人就足够了，而且他马上就要出发去外地了，没有时间等着签订合同。

问题：流转土地经营权，一定要签订书面合同吗？什么情况下可以不签订书面合同？

【案例解答】

流转土地经营权，原则上都要签订书面合同。承包方将土地交由他人代耕不超过一年的，可以不签订书面合同。

根据《农村土地承包法》的规定，土地经营权流转，当事人双方应当签订书面流转合同。第三款规定，承包方将土地交由他人代耕不超过一年的，可以不签订书面合同。

本案中，张大山出租土地经营权，租期为两年，而不是把土地交给别人代耕，依据法律规定，应当签订书面合同。

【适用法律】《农村土地承包法》第四十条：

第四十条　土地经营权流转，当事人双方应当签订书面流转合同。土地经营权流转合同一般包括以下条款：（一）双方当事人的姓名、住所；

（二）流转土地的名称、坐落、面积、质量等级；（三）流转期限和起止日期；（四）流转土地的用途；（五）双方当事人的权利和义务；（六）流转价款及支付方式；（七）土地被依法征收、征用、占用时有关补偿费的归属；（八）违约责任。承包方将土地交由他人代耕不超过一年的，可以不签订书面合同。

问题 52. 土地经营权流转后承包方与发包方之间的土地承包关系还存在吗？

【案例简介】

18年前，老李家人口比较多，粮食不够吃。老张作为老党员，自愿把自家的一部分承包地交给老李家耕种，这一种就是18年。双方没有签订书面的土地经营权流转合同，也没有约定期限。现在老张主张返还承包地，老李不同意。老李认为这是自家种了18年的承包地，这块地理应属于自家，而不属于老张家。老张拿出土地承包经营权权属证书，认为自家享有这块地的承包经营权。老张和老李的争端引发了村民的焦虑，村民们担心自己如果把土地经营权流转出去了，也会遭遇类似的争端。

问题：土地经营权流转后，承包方与发包方之间的土地承包关系还存在吗？本案中，争议土地的土地承包经营权归谁所有？

【案例解答】

土地经营权流转后，承包方与发包方之间的土地承包关系保持不变。本案中，争议土地的土地承包经营权归老张家所有。

根据《农村土地承包法》的规定，承包方流转土地经营权的，承包方与发包方之间的承包关系不变。

本案中，老李根据双方之间的口头协议，在老张家的承包地上进行耕种。但是无论老李实际经营这块地多少年，都无法改变老张家对这块地享有土地承包经营权的事实。

【适用法律】《农村土地承包法》第四十四条：

第四十四条　承包方流转土地经营权的，承包方与发包方之间的承包关系不变。

问题 53. 用土地经营权作担保向银行借款需要登记吗？

【案例简介】

东方红农业有限责任公司通过承租取得了大约 200 亩农用地的土地经营权，由于资金不足，东方红农业有限责任公司对 200 亩地的土地经营权设置了抵押，依法从白坡乡农村信用社得到了一笔贷款，该项抵押没有办理登记手续。之后，因为公司资金缺口依然较大，东方红农业有限责任公司决定继续融资。于是东方红农业有限责任公司把之前抵押给白坡乡农村信用社 200 亩地的土地经营权继续抵押给了不知情的甲银行，并办理了抵押权登记。

问题：用土地作担保向银行借款需要登记吗？不登记的话，会有什么结果？

【案例解答】

用土地作担保向银行借款不需要登记，融资担保合同生效时，担保物权就已设立。如果不登记的话，不能对抗善意第三人。

根据《农村土地承包法》第四十七条，用土地经营权设立担保物权的，担保物权自融资担保合同生效时设立。未经登记的不得对抗善意第三人。本案中，虽然担保物权没有登记，但是当东方红农业有限责任公司与白坡乡农村信用社签订的融资担保合同生效时，白坡乡农村信用社就已经取得了对 200 亩地土地经营权的抵押权。甲银行享有的抵押权是经过登记的，且甲银行对此并不知情，属于善意第三人，所以白坡乡农村信用社享有的抵押权不能对抗甲银行的抵押权。总而言之，在实现 200 亩地土地经营权的抵押权时，甲银行要优先于白坡乡农村信用社。

【适用法律】《农村土地承包法》第四十七条（见问题 50 **【案例解析】**）。

问题 54. 用土地经营权担保的借款到期无法偿还怎么办?

【案例简介】

东方红农业有限责任公司通过承租取得了 200 亩土地的土地经营权，出于融资的需要，东方红农业有限责任公司将 100 亩地的土地经营权抵押给了白坡乡农村信用社，得到了一笔贷款，贷款期限为 5 年。贷款到期时，东方红农业有限责任公司无法偿还贷款。

问题： 东方红农业有限责任公司无法偿还贷款，那么白坡乡农村信用社如何实现自己的权利？是否会造成农民失去承包地的情况发生？

【案例解答】

白坡乡农村信用社可以就设置抵押权的 100 亩承包地实现自己的权益，不可以就未设置抵押权的另外 100 亩承包地主张自己的权利，具体的办法由国务院有关部门制定。以土地经营权作为抵押进行融资并不会改变土地承包经营关系，因此白坡乡农村信用社实现自己的债权不会改变既有的土地承包关系，也不会导致农民失地情况的发生。

根据《农村土地承包法》第四十七条，实现担保物权时，担保物权人有权就土地经营权优先受偿。土地经营权融资担保办法由国务院有关部门规定。

本案中，东方红农业有限责任公司到期无法偿还贷款和利息，白坡乡农村信用社可以就土地经营权在抵押范围内优先受偿，具体的实现办法还有待国务院有关部门作出具体规定。但是有一点是可以确定的，担保物权的设立和实现，不会改变现有的农村土地承包经营关系，农户享有的农村土地承包经营权并不会因此被剥夺。

【背景知识】

关于担保物权的实现方式，可以在合同中约定，只要不违反法律的强制性规定，实现担保物权时就可以按照协商确定的实现形式。如果不能协商确定，当事人可以向法院申请裁判，进而采取强制执行方式。但是关于强制执行方式，我国现行的法律规范中没有明确的规定。有学者建议采用强制管理的办法，具体可以描述为：由村集体经济组织管理设置抵押权的承包地，取得的收益不归承包方或土地经营权人，而是用来偿还银行贷款。贷款还完后，承包方或者土地经营权人恢复相应的权利。但无论担保物权的实现方式如何，都不会改变既有的土地承包经营关系。

【适用法律】

《农村土地承包法》第四十七条（见问题 50 **【案例解析】**)。

第三章　争议解决与法律责任

第一节　关于争议解决问题

问题 55. 在土地承包经营中发生纠纷如何解决?

【案例简介】

大槐树村村委会与本村村民张三签订农村土地承包合同,将本村东南的一块 20 亩的洼地承包给张三,承包经营期限为 10 年,当日收取承包费 6 万元,但是还没办理权属证书,而且合同中没有约定争议解决办法。后来,李四看到这块好地收益高,愿意出 10 万元承包,大槐树村村委会又将这 20 亩洼地承包给了李四,并办理了土地承包经营权证。村委会、张三、李四发生争议,张三直接向县人民法院起诉,李四坚持要先进行仲裁。

问题: *在这样的情况下,法院应当依法受理吗?需要先仲裁才能起诉吗?*

【案例解答】

张三与村委会、李四因土地承包经营发生纠纷,合同中对争议解决方式也没有进行约定,当事人直接向法院起诉,法院应当依法受理,不需要先进行仲裁。

根据《农村土地承包法》的规定:因土地承包经营发生纠纷的,双方当事人可以通过协商解决，也可以请求村民委员会、乡（镇）人民政府等调解解决。当事人不愿协商、调解或者协商、调解不成的，可以向农村土地承包仲裁机构申请仲裁，也可以直接向人民法院起诉。本案中，张三与村委会、李四因土地承包经营发生纠纷，属于人民法院受案范围。张三可以直接向法院起诉，法院应当依法受理，不需要先进行仲裁。

【适用法律】

1.《农村土地承包法》第五十五条：

第五十五条　因土地承包经营发生纠纷的，双方当事人可以通过协商解决，也可以请求村民委员会、乡（镇）人民政府等调解解决。当事人不愿协商、调解或者协商、调解不成的，可以向农村土地承包仲裁机构申请仲裁，也可以直接向人民法院起诉。

2.《农村土地承包经营纠纷调解仲裁法》第二条：

第二条　农村土地承包经营纠纷调解和仲裁，适用本法。

农村土地承包经营纠纷包括：

（一）因订立、履行、变更、解除和终止农村土地承包合同发生的纠纷；

（二）因农村土地承包经营权转包、出租、互换、转让、入股等流转发生的纠纷；

（三）因收回、调整承包地发生的纠纷；

（四）因确认农村土地承包经营权发生的纠纷；

（五）因侵害农村土地承包经营权发生的纠纷；

（六）法律、法规规定的其他农村土地承包经营纠纷。

因征收集体所有的土地及其补偿发生的纠纷，不属于农村土地承包仲裁委员会的受理范围，可以通过行政复议或者诉讼等方式解决。

3.《最高人民法院关于审理涉及农村土地承包纠纷案件适用法律问题的解释》第一条：

第一条　下列涉及农村土地承包民事纠纷，人民法院应当依法受理：

（一）承包合同纠纷；

（二）承包经营权侵权纠纷；

（三）承包经营权流转纠纷；

（四）承包地征收补偿费用分配纠纷；

（五）承包经营权继承纠纷。

集体经济组织成员因未实际取得土地承包经营权提起民事诉讼的，人民法院应当告知其向有关行政主管部门申请解决。

集体经济组织成员就用于分配的土地补偿费数额提起民事诉讼的，人民法院不予受理。

第二节　关于法律责任问题

问题 56. 村委会可以要求农民流转土地经营权吗?

【案例简介】

张老板看上大槐树村 200 亩稻田，想在这里搞一个稻香村山水庄园，就向村委会提出用每亩每年 500 元的价格承租 10 年。但是，这 200 亩稻田早被承包给了本村的 10 户农民。大槐树村村委会收了张老板 2 万元好处费后，给这 10 户农民三个选择：一是将承包地的土地经营权流转给张老板，二是接受村委会安排和其他村民互换承包地，三是将土地承包经营权转让给本村其他村民。否则村委会就强行收回承包地。这 10 户农民无奈之下，只好将自己家的承包地流转给张老板，留下老人孩子进城打工去了。

问题：村委会可以强迫农民进行土地承包经营权互换、转让或者土地经营权流转吗?

【案例解答】

村委会不可以强迫农民进行土地承包经营权互换、转让或者土地经营权流转。

　　根据《农村土地承包法》的规定，土地经营权流转应当遵循依法、自愿、有偿原则，任何组织和个人不得强迫或者阻碍土地经营权流转。《农村土地承包法》第六十条规定："任何组织和个人强迫进行土地承包经营权互换、转让或者土地经营权流转的，该互换、转让或者流转无效。"依本条规定，强迫进行土地承包经营权互换、转让或者土地经营权流转的，该互换、转让或者流转无效。

　　这10户被强迫的农民可以通过以下几种途径获得救济：（一）协商；（二）调解；（三）向农村土地承包仲裁机构申请仲裁；（四）向法院提起诉讼。仲裁不是诉讼的必经程序，即农村土地承包合同发生纠纷后，当事人可以不经协商、不经调解、不经仲裁，而直接向人民法院起诉。

　　【适用法律】《农村土地承包法》第六十条：

　　第六十条　任何组织和个人强迫进行土地承包经营权互换、转让或者土地经营权流转的，该互换、转让或者流转无效。

问题57. 发包方有权终止擅自弃耕抛荒的土地经营权人的流转合同吗？

　　【案例简介】

　　东方红农业有限责任公司与大槐树村10户村民签订《土地经营权租赁合同》，租赁了大槐树村200亩土地用于养殖。两年后，东方红农业有限责任公司资金链断裂，虽然能按时付租金，但建了一半的厂房、别墅没钱再盖了，租的土地都荒芜了。看到土地抛荒两年了，大槐树村村委会以东方红农业有限责任公司弃耕抛荒，且改变合同约定的土地使用用途、未经依法审批进行非农建设为由，向东方红农业有限责任公司发出解除土地租赁合同的通知。东方红农业有限责任公司不同意解除合同。大槐树村村委会诉至法院，请求确认其向东方红农业有限责任公司发出解除土地租赁合同的通知有效。

　　问题：大槐树村村委会向东方红农业有限责任公司发出解除土地租赁

合同的通知有效吗？

【案例解答】

大槐树村村委会向东方红农业有限责任公司发出解除土地租赁合同的通知有效。

《农村土地承包法》第六十四条规定："土地经营权人擅自改变土地的农业用途、弃耕抛荒连续两年以上、给土地造成严重损害或者严重破坏土地生态环境，承包方在合理期限内不解除土地经营权流转合同的，发包方有权要求终止土地经营权流转合同。土地经营权人对土地和土地生态环境造成的损害应当予以赔偿。"本条文规定了土地经营权人擅自改变土地用途、弃耕抛荒以及严重损害土地、破坏生态环境的法律责任。

需要注意的是，《农村土地承包法》第六十四条适用对象为土地经营权人，不是土地承包经营权人。本案中，东方红农业有限责任公司作为土地经营权人，租赁的 200 亩土地弃耕抛荒连续两年以上，并在农地上建厂房、别墅，给土地造成严重损害，严重破坏土地生态环境。承包方 10 户村民在合理期限内不解除土地经营权流转合同的，大槐树村村委会作为发包方有权要求终止《土地经营权租赁合同》。

【适用法律】

《农村土地承包法》第六十四条（见问题 57【案例解答】）。

问题 58. 发包方侵害承包方土地承包经营权要承担哪些民事责任？

【案例简介】

王五与大槐树村村委会签订农村集体土地承包合同，土地面积为 18 亩，承包期限 30 年。3 年后，大槐树村村委会以王五欠缴农业税与管理费为由将 18 亩土地收回，并转包给张三耕种。王五向本县农村土地承包仲裁委员会申请仲裁，该仲裁委员会做出仲裁裁决书，裁决张三将 18 亩土地的承包经营权返还给王五，但张三拒不返还，该裁决书还没有发生法律效力。王五向法院起诉，请求确认大槐树村村委会与张三之间的土地承包合同无效，判令大槐树村村委会、张三返还起诉人农村承包土地18亩、赔偿土地租赁损失等。

问题： 在这样的情况下，法院应当依法受理王五的起诉吗？大槐树村村委会如果败诉，将要承担怎样的法律责任？

【案例解答】

本案中，法院应当依法受理王五的起诉。根据《民事诉讼法》和《最高人民法院关于审理涉及农村土地承包纠纷案件适用法律问题的解释》，本案诉讼请求属于人民法院受理范围，人民法院应当受理并依法裁判。根据《农村土地承包经营纠纷调解仲裁法》，当事人不服仲裁裁决的，可以自收到裁决书之日起三十日内向人民法院起诉。逾期不起诉的，裁决书即发生法律效力。大槐树村村委会违反本法规定收回、调整承包地，将承包地收回抵顶欠款，应当承担停止侵害、排除妨碍、返还财产、恢复原状、赔偿损失等民事责任。

《农村土地承包法》第五十七条规定："发包方有下列行为之一的，应当承担停止侵害、排除妨碍、消除危险、返还财产、恢复原状、赔偿损失等民事责任：（一）干涉承包方依法享有的生产经营自主权；（二）违反本法规定收回、调整承包地；（三）强迫或者阻碍承包方进行土地承包经营权的互换、转让或者土地经营权流转；（四）假借少数服从多数强迫承包方放弃或者变更土地承包经营权；（五）以划分"口粮田"和"责任田"等为由收回承包地搞招标承包；（六）将承包地收回抵顶欠款；（七）剥夺、侵害妇女依法享有的土地承包经营权；（八）其他侵害土地承包经营权的行为。"

【背景知识】

2005年《最高人民法院关于审理涉及农村土地承包纠纷案件适用法律问题的解释》第六条规定："因发包方违法收回、调整承包地，或者因发包方收回承包方弃耕、撂荒的承包地产生的纠纷，按照下列情形，分别处理：（一）发包方未将承包地另行发包，承包方请求返还承包地的、应予支持；（二）发包方已将承包地另行发包给第三人，承包方以发包方和第三人为共同被告，请求确认其所签订的承包合同无效、返还承包地并赔偿损失的，应予支持。但属于承包方弃耕、撂荒情形的，对其赔偿损失的诉讼请求，不予支持。前款第二项所称的第三人，请求受益方补偿其在承包地上的合理投入的，应予支持。"该解释中关于承包方弃耕撂荒的内容，因《农村土地承包法》第六十三条、六十四条已做修正，不再继续适用，但是该解释关于发包方违法收回、调整承包地的处理方式继续有效。

《农村土地承包法》第五十七条规定了发包方侵害土地承包经营权和土地经营权的民事责任方式，之所以要规定发包方承担民事责任的方式，其目的在于使土地承包当事人明确知道民事责任的具体方式及其适用范围，有效地保护承包方的土地承包经营权，及时、合法、有效地处理土地承包纠纷。条文中规定的民事责任方式主要有：

停止侵害。停止侵害是指行为人实施了侵权行为，并且侵权行为正在继续，被侵权人要求行为人停止侵权行为。发包方正在实施侵害承包方、土地经营权人享有的土地承包经营权、土地经营权时，权利人为了维护自己的合法权益，防止损害后果的扩大，有权制止正在实施的不法行为，要求其停止侵害。

排除妨碍。它是指行为人实施的行为使他人无法行使或者无法正常地行使人身、财产权益，受害人可以要求行为人排除妨碍权益实施的障碍。妨碍的排除，原则上由侵权人实施，但如果被侵权人自行排除该妨碍，并因为花费了费用，则有权要求侵权人返还该费用。

消除危险。消除危险是指行为人的行为对他人人身财产权益造成现实威胁，权利人有权要求行为人采取有效措施消除这种现实威胁。适用该责任方式须危险确实存在对他人人身、财产安全造成现实威胁，但尚未发生实际损害。若发包方的行为对承包方、土地经营权人的权益有致害的可能，承包方、土地经营权人可以要求发包方承担消除危险的责任。

返还财产。它是指行为人没有法律或者合同依据占有他人的财产，侵害他人的财产权益，当事人可以要求返还该财产。

恢复原状。通常是指有体物被破坏之后行为人通过修理等手段使受损害的财产恢复到被破坏之前状态的一种责任方式，多用于侵权领域。

赔偿损失。赔偿损失是指行为人向受害人支付一定数额的金钱以弥补其损失的责任方式，是在我国实践中最为广泛适用的责任方式。赔偿损失应以权利人存在实际的损失为前提。我国民事领域中的赔偿损失以完全赔偿为原则，违法行为给受害人造成的损失，违法行为人都应当予以赔偿。

本条规定的承担民事责任的方式，既可以单独适用，也可以合并适用。除这6种民事责任方式外，发包方因违法行为还可以以其他形式承担民事责任。本条文中的"等"字表明，除该6种责任方式之外，尚可依照《民法总则》《侵权责任法》《物权法》等以其他形式承担民事责任，例如赔礼道歉、消除影响、恢复名誉等。

【适用法律】

1. 《农村土地承包法》第五十七条（见问题58【案例解答】）。

2. 《农村土地承包经营纠纷调解仲裁法》第四十八条：

第四十八条　当事人不服仲裁裁决的，可以自收到裁决书之日起三十日内向人民法院起诉。逾期不起诉的，裁决书即发生法律效力。

问题59. 私自截留农户土地承包经营中取得的收益的情况如何处理？

【案例简介】

张大山承包了大槐树村北面的3亩农田，并且取得了大槐树村集体土地承包经营权证书。不久后，白坡乡人民政府打算集中开发大槐树村北部的这部分土地，进行规模经营，小刘就将在村北的12亩土地（包括张大山承包的3亩），以每亩地2 000元的价格有偿出租给了白坡乡政府。乡政府支付给小刘租金，其中包括张大山3亩农地的租金6 000元，小刘将其中的3 000元给了张大山，剩余的3 000元归了自己。张大山知道后，十分生气，要求小刘归还3 000元。

问题： 小刘能够私自拿走本应该属于张大山的 3 000 元吗？如果张大山想要回属于他的 3 000 元，可以通过什么方式？

【案例解答】

小刘不能够私自拿走本应该属于张大山的 3 000 元，他的行为属于私自截留农户承包经营中取得的收益的行为。张大山可以与小刘协商，也可以请求村民委员会、乡政府进行调解，如果张大山不愿意协商、调解或者协商、调解不成的话，也可以直接向农村土地承包仲裁机构申请仲裁或者直接向人民法院起诉。

首先，依据《农村土地承包法》第六十条的规定，任何组织和个人强迫土地承包经营权互换、转让或者土地经营权流转的，该互换、转让或者流转无效。也就是说对于土地经营权的流转必须是出于自愿的，如果确认了是强迫流转，取得土地的第三人应该要将土地还给被强迫流转的农民。其次，依据《农村土地承包法》第六十一条的规定，土地经营权流转的转包费、租金、转让金等是由承包方和受让方平等协商决定的，任何组织和个人都是不能擅自截留和扣缴土地经营权流转获取的收益的。最后，依据《农村土地承包法》第五十五条规定，因土地承包经营发生纠纷，当事人之间可以协商解决，可以请求村民委员会、乡镇人民政府等协调解决，可以向农村土地承包仲裁机构申请仲裁，也可以直接提起诉讼。

本案中，首先，小刘将村北的 12 亩土地出租给了白坡乡人民政府，其中包括张大山拥有的 3 亩土地在内。这一出租行为小刘事先必须要经过张大山的同意，若是强迫张大山租赁承包期内的农地，那么租赁合同是无效的，乡人民政府需要归还张大山的 3 亩土地。其次，张大山依法取得了 3 亩农地的土地承包经营权，对这 3 亩土地享有使用、收益的权利，这 3 亩土地租金一共为 6 000 元是属于张大山的，小刘私自将其中的 3 000 元归为己有是没有法律依据的，侵犯了张大山合法的收益权，张大山有权要求小刘还给他这 3 000 元。最后，张大山与小刘的纠纷是承包经营权侵权纠纷，张大山可以选择与小刘进行协商，也可以要求大槐树村村委会或者槐树乡人民政府进行调解。如果张大山不愿意调解、协商解决，还可以向农村土地仲裁机构申请仲裁或者直接向人民法院提起诉讼，要求归还小刘非法占有的 3 000 元租金。

【背景知识】

土地承包经营发生的纠纷，是指当事人之间因承包土地的使用收益、流转、调整、收回以及承包合同的履行等事项发生的争议。土地承包经营纠纷可能发生在承包土地的农户之间，也可能发生在承包土地的农户与集体经济组织或者村民自治组织之间，还有可能发生在农民和企业事业单位、有关的人民政府或者人民政府的有关部门之间。

土地承包纠纷发生的原因有很多，在实践中主要有：(1)基层组织的原因，如发包方盲目发包。(2)政府机构或者其工作人员行政干预。有些地方国家机关及其工作人员特别是一些领导，通过行政命令或者行政决定的方式强行要求发包方将承包方依法承包的农村土地收回，甚至直接将承包地进行非法征用或者征收，这样一来，必然导致承包方的不满，从而发生纠纷。(3)非法收回承包地或者调整承包地。有的地方不顾政策和法律的规定，随意收回承包方依法承包的农村土地或者频繁调整承包地。(4)承包方不按合同约定依法履行自己应当履行的义务而发生的纠纷。

【适用法律】《农村土地承包法》第五十五条、第六十条和第六十一条：

第五十五条　因土地承包经营发生纠纷的，双方当事人可以通过协商解决，也可以请求村民委员会、乡（镇）人民政府等调解解决。

当事人不愿协商、调解或者协商、调解不成的，可以向农村土地承包仲裁机构申请仲裁，也可以直接向人民法院起诉。

第六十条　任何组织和个人强迫进行土地承包经营权互换、转让或者土地经营权流转的，该互换、转让或者流转无效。

第六十一条　任何组织和个人擅自截留、扣缴土地承包经营权互换、转让或者土地经营权流转收益的，应当退还。

问题 60. 违法将承包地用于非农建设要承担什么责任？

【案例简介】

张大山与大槐树村村委会签订了土地承包合同，约定将本村位于张大山家旁边的 10 亩耕地承包给他进行耕作，期限为 30 年。张大山在该块土地上耕作了 10 年后，发现该块土地的产量逐年下降，于是不打算继续在该块土地上种植作物。张大山想到自家这些年也新增了人口，需要堆放的杂物也多了，正好承包地距离家里近，于是就打算在承包地上建一个小房子来装杂物。房屋建成后，同村的老李把张大山建房的事告诉了村委会。村委会要求张大山拆除刚建成的小房子，张大山不同意，认为这是自己承包的土地，而且也没有占多大的面积。

问题：张大山能在承包的耕地上建房子吗？如果不能，他要承担什么责任？

【案例解答】

张大山不能在承包的耕地上建房子，其行为属于违法将承包地用于非农建设，需要对耕地的损害承担责任。

根据《农村土地承包法》的规定，农村土地承包经营应当遵守法律、法规，保护土地资源的合理开发和可持续利用。未经依法批准不得将承包地用于非农建设，承包方违法将承包地用于非农建设，以及给承包地造成永久性损害的，应承担法律责任：其一，关于承包方违法将承包地用于非农建设应承担的法律责任。县级以上地方人民政府有关主管部门有权予以行政处罚。其二，关于承包方给承包地造成永久性损害应该承担的法律责任。发包方有权制止这类行为，并且有权要求承包方赔偿由此造成的损失。

在本案中，张大山与大槐树村村委会签订了 30 年的耕地承包合同，但是在耕作了 10 年之后，在该块耕地上建了一个小房子。这样的做法实际上就是将承包地用于非农建设，应当由县级以上地方人民政府有关行政主管部门对该建筑物是否合法进行认定，再做出处罚决定。由于张大山在耕地上建造小房子，多数情况有可能造成房屋所占用的耕地永久性损害，因此大槐树村村委会是有权制止的，并且可以要求张大山承担对耕地造成损害的赔偿。

【适用法律】

1. 《农村土地承包法》第十一条和第六十三条：

第十一条　农村土地承包经营应当遵守法律、法规，保护土地资源的合理开发和可持续利用。未经依法批准不得将承包地用于非农建设。国家鼓励增加对土地的投入，培肥地力，提高农业生产能力。

第六十三条　承包方、土地经营权人违法将承包地用于非农建设的，由县级以上地方人民政府有关主管部门依法予以处罚。

承包方给承包地造成永久性损害的，发包方有权制止，并有权要求赔偿由此造成的损失。

2. 《最高人民法院关于审理涉及农村土地承包纠纷案件适用法律问题的解释》第八条：

第八条　承包方违反农村土地承包法第十七条规定，将承包地用于非农建设或者对承包地造成永久性损害，发包方请求承包方停止侵害、恢复原状或者赔偿损失的，应予支持。

附　　录

1. 《中华人民共和国农村土地承包法》

2002 年 8 月 29 日第九届全国人民代表大会常务委员会第二十九次会议通过，2002 年 8 月 29 日中华人民共和国主席令第七十三号公布；

根据 2009 年 8 月 27 日第十一届全国人民代表大会常务委员会第十次会议《关于修改部分法律的决定》第一次修正；

根据 2018 年 12 月 29 日第十三届全国人民代表大会常务委员会第七次会议《关于修改〈中华人民共和国农村土地承包法〉的决定》第二次修正。

第 章 总　　则

第一条

为了巩固和完善以家庭承包经营为基础、统分结合的双层经营体制，保持农村土地承包关系稳定并长久不变，维护农村土地承包经营当事人的合法权益，促进农业、农村经济发展和农村社会和谐稳定，根据宪法，制定本法。

第二条

本法所称农村土地，是指农民集体所有和国家所有依法由农民集体使用的耕地、林地、草地，以及其他依法用于农业的土地。

第三条

国家实行农村土地承包经营制度。农村土地承包采取农村集体经济组织内部的家庭承包方式，不宜采取家庭承包方式的荒山、荒沟、荒丘、荒滩等农村土地，可以采取招标、拍卖、公开协商等方式承包。

第四条

农村土地承包后，土地的所有权性质不变。承包地不得买卖。

第五条

农村集体经济组织成员有权依法承包由本集体经济组织发包的农村土地。任何组织和个人不得剥夺和非法限制农村集体经济组织成员承包土地的权利。

第六条

农村土地承包，妇女与男子享有平等的权利。承包中应当保护妇女的合法权益，任何组织和个人不得剥夺、侵害妇女应当享有的土地承包经营权。

第七条

农村土地承包应当坚持公开、公平、公正的原则，正确处理国家、集体、个人三者的利益关系。

第八条

国家保护集体土地所有者的合法权益，保护承包方的土地承包经营权，任何组织和个人不得侵犯。

第九条

承包方承包土地后，享有土地承包经营权，可以自己经营，也可以保留土地承包权，流转其承包地的土地经营权，由他人经营。

第十条

国家保护承包方依法、自愿、有偿流转土地经营权，保护土地经营权人的合法权益，任何组织和个人不得侵犯。

第十一条

农村土地承包经营应当遵守法律、法规，保护土地资源的合理开发和可持续利用。未经依法批准不得将承包地用于非农建设。国家鼓励增加对土地的投入,培肥地力,提高农业生产能力。

第十二条

国务院农业农村、林业和草原主管部门分别依照国务院规定的职责负责全国农村土地承包经营及承包经营合同管理的指导。县级以上地方人民政府农业农村、林业和草原等主管部门分别依照各自职责,负责本行政区域内农村土地承包经营及承包经营合同管理。乡(镇)人民政府负责本行政区域内农村土地承包经营及承包经营合同管理。

第二章 家庭承包

第一节 发包方和承包方的权利和义务

第十三条

农民集体所有的土地依法属于村农民集体所有的,由村集体经济组织或者村民委员会发包;已经分别属于村内两个以上农村集体经济组织的农民集体所有的,由村内各该农村集体经济组织或者村民小组发包。村集体经济组织或者村民委员会发包的,不得改变村内各集体经济组织农民集体所有的土地的所有权。国家所有依法由农民集体使用的农村土地,由使用该土地的农村集体经济组织、村民委员会或者村民小组发包。

第十四条

发包方享有下列权利:(一)发包本集体所有的或者国家所有依法由本集体使用的农村土地;(二)监督承包方依照承包合同约定的用途合理利用和保护土地; (三)制止承包方损害承包地和农业资源的行为;(四)法律、行政法规规定的其他权利。

第十五条

发包方承担下列义务:(一)维护承包方的土地承包经营权,不得非法变更、解除承包合同;(二)尊重承包方的生产经营自主权,不得干涉承包方依法进行正常的生产经营活动;(三)依照承包合同约定为承包方提供生产、技术、信息等服务；（四）执行县、乡（镇）土地利用总体规划，组织本集体经济组织内的农业基础设施建设；（五）法律、行政法规规定的其他义务。

第十六条

家庭承包的承包方是本集体经济组织的农户。农户内家庭成员依法平等享有承包土地的各项权益。

第十七条

承包方享有下列权利：（一）依法享有承包地使用、收益的权利，有权自主组织生产经营和处置产品；（二）依法互换、转让土地承包经营权；（三）依法流转土地经营权；（四）承包地被依法征收、征用、占用的，有权依法获得相应的补偿；（五）法律、行政法规规定的其他权利。

第十八条

承包方承担下列义务：（一）维持土地的农业用途，未经依法批准不得用于非农建设；（二）依法保护和合理利用土地，不得给土地造成永久性损害；（三）法律、行政法规规定的其他义务。

第二节　承包的原则和程序

第十九条

土地承包应当遵循以下原则：（一）按照规定统一组织承包时，本集体经济组织成员依法平等地行使承包土地的权利，也可以自愿放弃承包土地的权利；（二）民主协商，公平合理；（三）承包方案应当按照本法第十三条的规定，依法经本集体经济组织成员的村民会议三分之二以上成员或者三分之二以上村民代表的同意；（四）承包程序合法。

第二十条

土地承包应当按照以下程序进行：（一）本集体经济组织成员的村民会议选举产生承包工作小组；（二）承包工作小组依照法律、法规的规定拟订并公布承包方案；（三）依法召开本集体经济组织成员的村民会议，讨论通过承包方案；（四）公开组织实施承包方案；（五）签订承包合同。

第三节　承包期限和承包合同

第二十一条

耕地的承包期为三十年。草地的承包期为三十年至五十年。林地的承包期为三十年至七十年。前款规定的耕地承包期届满后再延长三十年，草地、林地承包期届满后依照前款规定相应延长。

第二十二条

发包方应当与承包方签订书面承包合同。承包合同一般包括以下条款：（一）发包方、承包方的名称，发包方负责人和承包方代表的姓名、住所；（二）承包土地的名称、坐落、面积、质量等级；（三）承包期限和起止日期；（四）承包土地的用途；（五）发包方和承包方的权利和义务；（六）违约责任。

第二十三条

承包合同自成立之日起生效。承包方自承包合同生效时取得土地承包经营权。

第二十四条

国家对耕地、林地和草地等实行统一登记，登记机构应当向承包方颁发土地承包经营权证或者林权证等证书，并登记造册，确认土地承包经营权。土地承包经营权证或者林权证等证书应当将具有土地承包经营权的全部家庭成员列入。登记机构除按规定收取证书工本费外，不得收取其他费用。

第二十五条

承包合同生效后，发包方不得因承办人或者负责人的变动而变更或者解除，也不得因集体经济组织的分立或者合并而变更或者解除。

第二十六条

国家机关及其工作人员不得利用职权干涉农村土地承包或者变更、解除承包合同。

第四节　土地承包经营权的保护和互换、转让

第二十七条

承包期内，发包方不得收回承包地。国家保护进城农户的土地承包经营权。不得以退出土地承包经营权作为农户进城落户的条件。承包期内，承包农户进城落户的，引导支持其按照自愿有偿原则依法在本集体经济组织内转让土地承包经营权或者将承包地交回发包方，也可以鼓励其流转土地经营权。承包期内，承包方交回承包地或者发包方依法收回承包地时，承包方对其在承包地上投入而提高土地生产能力的，有权获得相应的补偿。

第二十八条

承包期内，发包方不得调整承包地。承包期内，因自然灾害严重毁损承包地等特殊情形对个别农户之间承包的耕地和草地需要适当调整的，必须经本集体经济组织成员的村民会议三分之二以上成员或者三分之二以上村民代表的同意，并报乡（镇）人民政府和县级人民政府农业农村、林业和草原等主管部门批准。承包合同中约定不得调整的，按照其约定。

第二十九条

下列土地应当用于调整承包土地或者承包给新增人口：（一）集体经济组织依法预留的机动地；（二）通过依法开垦等方式增加的；（三）发包方依法收回和承包方依法、自愿交回的。

第三十条

承包期内，承包方可以自愿将承包地交回发包方。承包方自愿交回承包地的，可以获得合理补偿，但是应当提前半年以书面形式通知发包方。承包方在承包期内交回承包地的，在承包期内不得再要求承包土地。

第三十一条

承包期内，妇女结婚，在新居住地未取得承包地的，发包方不得收回

其原承包地；妇女离婚或者丧偶，仍在原居住地生活或者不在原居住地生活但在新居住地未取得承包地的，发包方不得收回其原承包地。

第三十二条

承包人应得的承包收益，依照继承法的规定继承。林地承包的承包人死亡，其继承人可以在承包期内继续承包。

第三十三条

承包方之间为方便耕种或者各自需要，可以对属于同一集体经济组织的土地的土地承包经营权进行互换，并向发包方备案。

第三十四条

经发包方同意，承包方可以将全部或者部分的土地承包经营权转让给本集体经济组织的其他农户，由该农户同发包方确立新的承包关系，原承包方与发包方在该土地上的承包关系即行终止。

第三十五条

土地承包经营权互换、转让的，当事人可以向登记机构申请登记。未经登记，不得对抗善意第三人。

第五节 土地经营权

第三十六条

承包方可以自主决定依法采取出租（转包）、入股或者其他方式向他人流转土地经营权，并向发包方备案。

第三十七条

土地经营权人有权在合同约定的期限内占有农村土地，自主开展农业生产经营并取得收益。

第三十八条

土地经营权流转应当遵循以下原则：（一）依法、自愿、有偿，任何组织和个人不得强迫或者阻碍土地经营权流转；（二）不得改变土地所有权的性质和土地的农业用途，不得破坏农业综合生产能力和农业生态环境；（三）流转期限不得超过承包期的剩余期限；（四）受让方须有农业经营能力或者资质；（五）在同等条件下，本集体经济组织成员享有优先权。

第三十九条

土地经营权流转的价款，应当由当事人双方协商确定。流转的收益归承包方所有，任何组织和个人不得擅自截留、扣缴。

第四十条

土地经营权流转，当事人双方应当签订书面流转合同。土地经营权流转合同一般包括以下条款：（一）双方当事人的姓名、住所；（二）流转土地的名称、坐落、面积、质量等级；（三）流转期限和起止日期；（四）流转土地的用途；（五）双方当事人的权利和义务；（六）流转价款及支付方式；（七）土地被依法征收、征用、占用时有关补偿费的归属；（八）违约责任。承包方将土地交由他人代耕不超过一年的，可以不签订书面合同。

第四十一条

土地经营权流转期限为五年以上的，当事人可以向登记机构申请土地经营权登记。未经登记，不得对抗善意第三人。

第四十二条

承包方不得单方解除土地经营权流转合同，但受让方有下列情形之一的除外：（一）擅自改变土地的农业用途；（二）弃耕抛荒连续两年以上；（三）给土地造成严重损害或者严重破坏土地生态环境；（四）其他严重违约行为。

第四十三条

经承包方同意，受让方可以依法投资改良土壤，建设农业生产附属、配套设施，并按照合同约定对其投资部分获得合理补偿。

第四十四条

承包方流转土地经营权的，其与发包方的承包关系不变。

第四十五条

县级以上地方人民政府应当建立工商企业等社会资本通过流转取得土

地经营权的资格审查、项目审核和风险防范制度。工商企业等社会资本通过流转取得土地经营权的，本集体经济组织可以收取适量管理费用。具体办法由国务院农业农村、林业和草原主管部门规定。

第四十六条

经承包方书面同意，并向本集体经济组织备案，受让方可以再流转土地经营权。

第四十七条

承包方可以用承包地的土地经营权向金融机构融资担保，并向发包方备案。受让方通过流转取得的土地经营权，经承包方书面同意并向发包方备案，可以向金融机构融资担保。担保物权自融资担保合同生效时设立。当事人可以向登记机构申请登记；未经登记，不得对抗善意第三人。实现担保物权时，担保物权人有权就土地经营权优先受偿。土地经营权融资担保办法由国务院有关部门规定。

第三章　其他方式的承包

第四十八条

不宜采取家庭承包方式的荒山、荒沟、荒丘、荒滩等农村土地，通过招标、拍卖、公开协商等方式承包的，适用本章规定。

第四十九条

以其他方式承包农村土地的，应当签订承包合同，承包方取得土地经营权。当事人的权利和义务、承包期限等，由双方协商确定。以招标、拍卖方式承包的，承包费通过公开竞标、竞价确定；以公开协商等方式承包的，承包费由双方议定。

第五十条

荒山、荒沟、荒丘、荒滩等可以直接通过招标、拍卖、公开协商等方式实行承包经营，也可以将土地经营权折股分给本集体经济组织成员后，再实行承包经营或者股份合作经营。承包荒山、荒沟、荒丘、荒滩的，应当遵守有关法律、行政法规的规定，防止水土流失，保护生态环境。

第五十一条

以其他方式承包农村土地，在同等条件下，本集体经济组织成员有权优先承包。

第五十二条

发包方将农村土地发包给本集体经济组织以外的单位或者个人承包，应当事先经本集体经济组织成员的村民会议三分之二以上成员或者三分之二以上村民代表的同意，并报乡（镇）人民政府批准。由本集体经济组织以外的单位或者个人承包的，应当对承包方的资信情况和经营能力进行审查后，再签订承包合同。

第五十三条

通过招标、拍卖、公开协商等方式承包农村土地，经依法登记取得权属证书的，可以依法采取出租、入股、抵押或者其他方式流转土地经营权。

第五十四条

依照本章规定通过招标、拍卖、公开协商等方式取得土地经营权的，该承包人死亡，其应得的承包收益，依照继承法的规定继承；在承包期内，其继承人可以继续承包。

第四章　争议的解决和法律责任

第五十五条

因土地承包经营发生纠纷的，双方当事人可以通过协商解决，也可以请求村民委员会、乡（镇）人民政府等调解解决。当事人不愿协商、调解或者协商、调解不成的，可以向农村土地承包仲裁机构申请仲裁，也可以直接向人民法院起诉。

第五十六条

任何组织和个人侵害土地承包经营权、土地经营权的，应当承担民事责任。

第五十七条

发包方有下列行为之一的，应当承担停止侵害、排除妨碍、消除危险、返还财产、恢复原状、赔偿损失等民事责任：（一）干涉承包方依法享有的生产经营自主权；（二）违反本法规定收回、调整承包地；（三）强迫或者阻碍承包方进行土地承包经营权的互换、转让或者土地经营权流转；（四）假借少数服从多数强迫承包方放弃或者变更土地承包经营权；（五）以划分"口粮田"和"责任田"等为由收回承包地搞招标承包；（六）将承包地收回抵顶欠款；（七）剥夺、侵害妇女依法享有的土地承包经营权；（八）其他侵害土地承包经营权的行为。

第五十八条

承包合同中违背承包方意愿或者违反法律、行政法规有关不得收回、调整承包地等强制性规定的约定无效。

第五十九条

当事人一方不履行合同义务或者履行义务不符合约定的，应当依法承担违约责任。

第六十条

任何组织和个人强迫进行土地承包经营权互换、转让或者土地经营权流转的，该互换、转让或者流转无效。

第六十一条

任何组织和个人擅自截留、扣缴土地承包经营权互换、转让或者土地经营权流转收益的，应当退还。

第六十二条

违反土地管理法规，非法征收、征用、占用土地或者贪污、挪用土地征收、征用补偿费用，构成犯罪的，依法追究刑事责任；造成他人损害的，应当承担损害赔偿等责任。

第六十三条

承包方、土地经营权人违法将承包地用于非农建设的，由县级以上地方人民政府有关主管部门依法予以处罚。承包方给承包地造成永久性损害的，发包方有权制止，并有权要求赔偿由此造成的损失。

第六十四条

土地经营权人擅自改变土地的农业用途、弃耕抛荒连续两年以上、给土地造成严重损害或者严重破坏土地生态环境，承包方在合理期限内不解除土地经营权流转合同的，发包方有权要求终止土地经营权流转合同。土地经营权人对土地和土地生态环境造成的损害应当予以赔偿。

第六十五条

国家机关及其工作人员有利用职权干涉农村土地承包经营，变更、解除承包经营合同，干涉承包经营当事人依法享有的生产经营自主权，强迫、阻碍承包经营当事人进行土地承包经营权互换、转让或者土地经营权流转等侵害土地承包经营权、土地经营权的行为，给承包经营当事人造成损失的，应当承担损害赔偿等责任；情节严重的，由上级机关或者所在单位给予直接责任人员处分；构成犯罪的，依法追究刑事责任。

第五章　附　　则

第六十六条

本法实施前已经按照国家有关农村土地承包的规定承包，包括承包期限长于本法规定的，本法实施后继续有效，不得重新承包土地。未向承包方颁发土地承包经营权证或者林权证等证书的，应当补发证书。

第六十七条

本法实施前已经预留机动地的，机动地面积不得超过本集体经济组织耕地总面积的百分之五。不足百分之五的，不得再增加机动地。本法实施前未留机动地的，本法实施后不得再留机动地。

第六十八条

各省、自治区、直辖市人民代表大会常务委员会可以根据本法，结合本行政区域的实际情况，制定实施办法。

第六十九条

确认农村集体经济组织成员身份的原则、程序等，由法律、法规规定。

第七十条

本法自 2003 年 3 月 1 日起施行。

2. 法律及司法解释缩略语表

全称	简称
《中华人民共和国农村土地承包法》	《农村土地承包法》
《中华人民共和国土地管理法》	《土地管理法》
《中华人民共和国农业法》	《农业法》
《中华人民共和国水土保持法》	《水土保持法》
《中华人民共和国农村土地承包经营纠纷调解仲裁法》	《农村土地承包经营纠纷调解仲裁法》
《中华人民共和国民法总则》	《民法总则》
《中华人民共和国合同法》	《合同法》
《中华人民共和国物权法》	《物权法》
《中华人民共和国拍卖法》	《拍卖法》
《中华人民共和国婚姻法》	《婚姻法》
《中华人民共和国妇女权益保障法》	《妇女权益保障法》
《中华人民共和国劳动合同法》	《劳动合同法》
《中华人民共和国村民委员会组织法》	《村民委员会组织法》
《中华人民共和国继承法》	《继承法》
《中共中央办公厅、国务院办公厅关于进一步稳定和完善农村土地承包关系的通知》	无
《中共中央办公厅、国务院办公厅关于完善农村土地所有权承包权经营权分置办法的意见》	无
《中共中央 国务院关于保持土地承包关系稳定并长久不变的意见》	无
《中共中央 国务院关于实施乡村振兴战略的意见》	无

（续）

全称	简称
《国务院关于进一步推进户籍制度改革的意见》	《关于进一步推进户籍制度改革的意见》
《农村土地承包经营权流转管理办法》	无
《最高人民法院关于审理涉及农村土地承包纠纷案件适用法律问题的解释》	无
《最高人民法院关于贯彻执行〈继承法〉若干问题的意见》	无

后　记

本书在修改与完善过程中，农业农村部政策与改革司刘涛处长、刘春明副处长，中国社会科学院农村发展研究所杨一介教授等专家针对本书提出的诸多宝贵意见，编写组在此郑重一并表示感谢。

由于水平有限，加之时间仓促，书中难免有不妥之处，敬请广大读者批评指正！

本书编写组

2020 年 6 月 30 日

图书在版编目（CIP）数据

以案释法：《农村土地承包法》常用法律条文解读 /
农业农村部管理干部学院，中国农业农村法治研究会编著
. —北京：中国农业出版社，2020.7（2022.8 重印）
ISBN 978-7-109-27012-1

Ⅰ.①以⋯　Ⅱ.①农⋯ ②中⋯　Ⅲ.①农村土地承包
法—法律解释—中国　Ⅳ.①D922.325

中国版本图书馆 CIP 数据核字（2020）第 117250 号

以案释法·《农村土地承包法》常用法律条文解读
YIAN SHIFA：NONGCUN TUDI CHENGBAOFA CHANGYONG FALÜ TIAOWEN JIEDU

中国农业出版社出版
地址：北京市朝阳区麦子店街 18 号楼
邮编：100125
责任编辑：张丽四
版式设计：王　晨　责任校对：赵　硕
印刷：三河市国英印务有限公司
版次：2020 年 7 月第 1 版
印次：2022 年 8 月河北第 2 次印刷
发行：新华书店北京发行所
开本：700mm×1000mm　1/16
印张：8.25
字数：156 千字
定价：26.00 元